◉ 工学のための数学 ◉
EKM-12

# 工学のための
# 離散数学
## ［第2版］

黒澤　馨

数理工学社

# 編者のことば

科学技術が進歩するに従って，各分野で用いられる数学は多岐にわたり，全体像をつかむことが難しくなってきている．また，数学そのものを学ぶ際には，それが実社会でどのように使われているかを知る機会が少なく，なかなか学習意欲を最後まで持続させることが困難である．このような状況を克服するために企画されたのが本ライブラリである．

全体は 3 部構成になっている．第 1 部は，線形代数・微分積分・データサイエンスという，あらゆる数学の基礎になっている書目群であり，第 2 部は，フーリエ解析・グラフ理論・最適化理論のような，少し上級に属する書目群である．そして第 3 部が，本ライブラリの最大の特色である工学の各分野ごとに必要となる数学をまとめたものである．第 1 部，第 2 部がいわゆる従来の縦割りの分類であるのに対して，第 3 部は，数学の世界を応用分野別に横割りにしたものになっている．

初学者の方々は，まずこの第 3 部をみていただき，自分の属している分野でどのような数学が，どのように使われているかを知っていただきたい．しかし，「知ること」と「使えること」の間には大きな差がある．ある分野を知ることだけでなく，その分野で自ら仕事をしようとすれば，道具として使えるところまでもっていかなければいけない．そのためには，第 3 部を念頭に置きながら，第 1 部と第 2 部をきちんと読むことが必要となる．

ある工学の分野を切り開いて行こうとするとき，まず問題を数学的に定式化することから始める．そこでは，問題を，どのような数学を用いて，どのように数学的に表現するかということが重要になってくる．問題の表面的な様相に惑わされることなく，その問題の本質だけを取り出して議論できる道具を見つけることが大切である．そのようなことができるためには，様々な数学を真に自分のものにし，単に計算の道具としてだけでなく，思考の道具として使いこなせるようになっていなければいけない．そうすることにより，ある数学が何故，工学のある分野で有効に働いているのかという理由がわかるだけでなく，一見別の分野であると思われていた問題が，数学的には全く同じ問題であることがわかり，それぞれの分野が大きく発展していくのである．本ライブラリが，このような目的のために少しでも役立てば，編者として望外の幸せである．

2004 年 2 月

編者　小川英光
藤田隆夫

**「工学のための数学」書目一覧**

| 第 1 部 | | 第 3 部 | |
|---|---|---|---|
| 1 | 工学のための 線形代数 | A–1 | 電気・電子工学のための数学 |
| 2 | 工学のための 微分積分 | A–2 | 情報工学のための数学 |
| 3 | 工学のための データサイエンス入門 | A–3 | 機械工学のための数学 |
| 4 | 工学のための 関数論 | A–4 | 化学工学のための数学 |
| 5 | 工学のための 微分方程式 | A–5 | 建築計画・都市計画の数学 |
| 6 | 工学のための 関数解析 | A–6 | 経営工学のための数学 |
| **第 2 部** | | | |
| 7 | 工学のための ベクトル解析 | | |
| 8 | 工学のための フーリエ解析 | | |
| 9 | 工学のための ラプラス変換・$z$ 変換 | | |
| 10 | 工学のための 代数系と符号理論 | | |
| 11 | 工学のための グラフ理論 | | |
| 12 | 工学のための 離散数学［第 2 版］ | | |
| 13 | 工学のための 最適化手法入門 | | |
| 14 | 工学のための 数値計算 | | |

(A: Advanced)

# 第2版にあたって

2023年秋に，出版社より，「初版発行より既に15年ほど経過したので，改訂版を検討しませんか」というお誘いをいただきました．確かに，初版発行が2008年1月なので，15年以上経過しています．まさに，time flies です．ありがたくお引き受けし，以下の2つの章を新たに追加することとしました．

- 13章：最短経路問題と最大フロー問題
- 14章：仮想通貨

最短経路を求める方法は，カーナビや地図アプリなどに利用されています．最大フローを求める方法は，輸送問題，通信やマッチングなど多くの分野に応用可能です．13章では，これら2つのアルゴリズムについて解説しています．

筆者もかつてそうであったように，これらのアルゴリズムは知っていても，なぜ正しく動作するのかを理解するのはなかなか難しいです．そこで，多くの図を使うことなどにより，それらの動作原理を容易に理解できるように工夫しました．

仮想通貨とは，銀行などの存在を仮定しないインターネット上で流通するデジタル通貨です．一般にデジタル情報は簡単にコピーできるので，デジタル通貨は簡単に2重使用できてしまいそうですが，実はそうではなく，その理論的安全性が証明されています．14章では，仮想通貨の代表例であるビットコインの理論的安全性について解説しています．

ビットコインは，2008年に Satoshi Nakamoto によって発明された仮想通貨であり，2009年以来，インターネット上で運営されています．もし，Satoshi Nakamoto の正体がわかれば，ノーベル経済学賞を受賞するのでは，ともいわれています．

14章は，（たぶん）日本では初めてのビットコインの理論的安全性の解説です．

その仕組みは知っていても，なぜ安全なのか，すっきりしなかった方も多いのではないでしょうか．学生諸君のみならず，研究者や技術者の方々にも読んでいただければ，望外の幸せです．

最後に，14 章の原稿を一緒に読んでいただいた東京大学名誉教授の山本博資博士，中央大学研究開発機構専任研究員機構教授の山澤昌夫博士，同客員研究員機構准教授の藤田亮博士に感謝申し上げます．

2024 年 1 月

黒澤馨

# まえがき

離散数学とは何でしょうか？ 約半世紀前に誕生したコンピュータは，めざましい進歩をとげてきました．しかし，コンピュータは有限の大きさのメモリしか持っていないため，無限精度を必要とするような実数を扱うことはできません．それゆえ，そこには微分積分学や線形代数といった従来の数学的手法では扱えない難問が立ちふさがっていました．

離散数学は，このようなコンピュータサイエンス特有の問題を解決するための新しい数学として，高らかな産声とともに誕生しました．すなわち，離散数学とは，整数のような離散的な値をとる集合を扱う数学の一分野であり，コンピュータサイエンスの基礎をなしているといえるのです．ここで，コンピュータサイエンスとは，アルゴリズムとデータ構造，情報理論，言語理論，人工知能，暗号や符号理論，コンピューターネットワーク等の分野を指します．

離散数学の成功例を1つ，説明しましょう．インターネットは，今やビジネスにも日常生活にも，深く浸透しています．しかし，クレジットカード番号をインターネットに直接送信するのは危険です．ハッカー（クラッカー）などの敵に盗聴されてしまうかもしれないからです．そこで，インターネットでは，公開鍵暗号という新しい暗号方式を使ってクレジットカード番号を暗号化する，という手法が用いられています．ここで登場する公開鍵暗号は，実は離散数学を基礎に構成されているのです．

さて，離散数学の解説のみでは，離散数学がどのように役に立っているのかわかりません．そこで，本書では，集合，関係，写像，再帰，論理，グラフ，代数系など，多くの離散数学の教科書が扱う内容に加え，RSA 公開鍵暗号の章を設けることにしました．また，離散的な有限集合を対象にした確率の章を設け，メッセージ認証への応用を説明しました．これによって，離散数学の直接的な応用の一部がわかるようになったかと思います．

さらに，離散数学に限らず，数学の教科書はどうしても無味乾燥になりがちです．そこで本書では，なるべく身近なわかりやすい例題からの軽妙かつウィットに富んだ導入を図ることで，感覚的，視覚的に理解できるよう工夫しました．

離散数学は，発展途上の若々しい新しい数学です．したがって，皆さんが，さらにほんのちょっと余計に勉強すれば，世界の最先端の研究に追いつき，かつ追い越すことも夢ではありません．まず，離散数学の楽しさを味わってみましょう．そこで，限りないコンピュータサイエンスへの夢をふくらませてみることにしましょう．

2007 年 11 月

黒澤馨

# 目次


第1章

**集合** 1

1.1 集合とは …… 2

1.2 部分集合 …… 3

1.3 共通集合と和集合 …… 6

1.4 ド・モルガンの法則 …… 9

1.5 べき集合 …… 13

1.6 特性関数 …… 14

1章の問題 …… 15

第2章

**関係と写像** 17

2.1 直積と関係 …… 18

2.2 同値関係と同値類 …… 20

2.3 写像 …… 22

2.4 濃度 …… 25

2章の問題 …… 27

第3章

**順序関係** 29

3.1 半順序関係 …… 30

3.2 極大，極小 …… 32

3章の問題 …… 34

第4章

背理法，帰納法および再帰　35

4.1 背　理　法 …… 36
4.2 数学的帰納法 …… 38
4.3 ペアノの公理系 …… 42
4.4 再 帰 的 定 義 …… 43
4 章 の 問 題 …… 45

第5章

命題論理と述語論理　47

5.1 命　題　論　理 …… 48
5.2 真　理　値　表 …… 50
5.3 ト ー ト ロ ジ ー …… 51
5.4 論理積標準形と論理和標準形 …… 53
5.5 双　対　定　理 …… 54
5.6 完全な結合子集合 …… 56
5.7 述　語　論　理 …… 57
5.8 ド・モルガンの法則の一般化 …… 59
5 章 の 問 題 …… 60

第6章

グ　ラ　フ　61

6.1 グラフ理論とは …… 62
6.2 グラフ理論の用語 …… 65
6.3 オ イ ラ ー 閉 路 …… 67
6.4 ハミルトン閉路 …… 70
6 章 の 問 題 …… 71

第7章

木 73

7.1 木とは何か …… 74
7.2 全域木 …… 77
7.3 根付き木 …… 78
7章の問題 …… 79

第8章

整 数 81

8.1 整数の基本的概念 …… 82
8.2 最大公約数とユークリッドの互除法 …… 85
8.3 拡張ユークリッドの互除法 …… 89
8.4 $1/a \pmod{n}$ の求め方 …… 91
8.5 フェルマーの小定理 …… 92
8章の問題 …… 94

第9章

代数系 95

9.1 群 …… 96
9.2 環 …… 104
9.3 体 …… 105
9章の問題 …… 107

第10章

RSA 公開鍵暗号 109

10.1 共通鍵暗号系 …… 110
10.2 公開鍵暗号系 …… 111
10.3 RSA 暗号 …… 112
10.4 数値例 …… 114
10章の問題 …… 116

## 第11章
## 数え上げ　117
11.1　順列と組合わせ……118
11.2　2 項 係 数……120
11.3　重複順列と重複組合わせ……123
11.4　包 除 原 理……125
11.5　鳩の巣原理……126
11 章の問題……127

## 第12章
## 確　率　129
12.1　確率とは……130
12.2　条件付き確率……132
12.3　確率変数……133
12.4　メッセージ認証……135
12.5　長いメッセージの場合……137
12 章の問題……138

## 第13章
## 最短経路問題と最大フロー問題　139
13.1　最短経路問題……140
13.2　最大フロー問題……143
13 章の問題……149

## 第14章
## 仮想通貨　151
14.1　ビットコインとは……152
14.2　ビットコインの数学的モデル……153
14.3　ビットコインの理論的安全性……156
14.4　証明の概要……158
14 章の問題……162

問題略解 163

参考文献 184

索　　引 185

# 第1章

# 集　　合

日常生活で使う集合と数学における「集合」との違いは，対象物が明確かどうかである．数学における集合は，I 大学の学生，のように，明確な対象物（もの）からなる「集まり」である．集合に含まれる「対象物」のことを要素，または元という．集合は，現代数学のほとんどを記述するのに必須な，最も基本的な概念の 1 つである．そうすることによって，正確に，かつ簡潔に記述できるからである．

本章では，集合の定義を与え，集合の有する基本的な性質を説明する．また，集合を扱うのに便利な記法についても紹介する．

1.1　集合とは
1.2　部分集合
1.3　共通集合と和集合
1.4　ド・モルガンの法則
1.5　べき集合
1.6　特性関数

## 1.1 集合とは

イケメンな男性の集まりは，**集合**といえるであろうか．阿部君は，黒河さんから見ればイケメンかもしれない．しかし，親友の前田君から見ると全くイケメンではない．このように，阿部君はイケメンかどうかは明確ではない．したがって，このような場合は集合とはいわない．

これに対し，女性からラブレターをもらったことがある男性の集まりは，集合といってよい．阿部君がこの条件を満たしているかどうかは，明確であるからである．このように，明確な対象物の集まりを集合という．

阿部君がラブレターを出したことがある女性の集まりも集合である．この集合 $A$ を表すのに，以下のような 2 種類の方法がある．

$$A = \{\text{美咲さん}, \text{涼子さん}, \text{瞳さん}\}$$

$$A = \{x \mid x \text{ は阿部君がラブレターを出したことがある女性}\}$$

前者は対象物を列挙する表記法であり，後者は $x$ が集合に属するための条件を示す表記法である．

また，この集合を図 1.1 のような図で表すこともできる．

集合 $A$ に属する対象物 $x$ を $A$ の**要素**または**元**《げん》と呼び，$x \in A$ と書く．また，$x$ が $A$ の要素でないとき，$x \notin A$ と書く．上記の例では，美咲さん $\in A$ であるが，由香里さん $\notin A$ である．

$A$ の**要素数**を $|A|$ で表す．上記の例では，$|A| = 3$ である．

さて，阿部君はラブレターを出したことがなかった，と仮定しよう．この場合は，$A = \emptyset$ と書いて $\emptyset$ を**空**《くう》**集合**と呼ぶ．この場合，$|A| = 0$ である．

要素数が有限の集合を**有限集合**，そうでない場合を**無限集合**という．

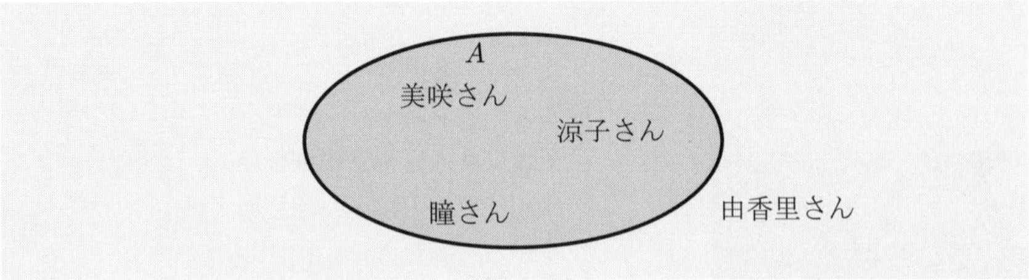


**図 1.1**　阿部君がラブレターを出したことがある女性の集合

## 1.2 部 分 集 合

阿部君が好きになったことがある女性の集合を $S$ としよう．すると，阿部君がラブレターを出したことがある女性の集合 $A$ は，$S$ の部分集合となる．このようなとき，$A \subseteq S$ と書く．これを図で書くと，図 1.2 のようになる．このように集合を表す図を**ベン図**と呼ぶ．

阿部君は積極的で，好きになった女性には必ずラブレターを出すとしよう．この場合は，$A = S$ となる．そうでない場合，$A \subset S$ と書いて $A$ を $S$ の**真部分集合**という．

**部分集合**は，一般的に以下のように定義される．

**定義 1.1**

「$x \in A$ ならば $x \in S$」のとき，

$$A \subseteq S$$

と書いて $A$ を $S$ の部分集合という．$A \subseteq S$ ではあるが $A \neq S$ のとき，

$$A \subset S$$

と書いて $A$ を $S$ の真部分集合という．

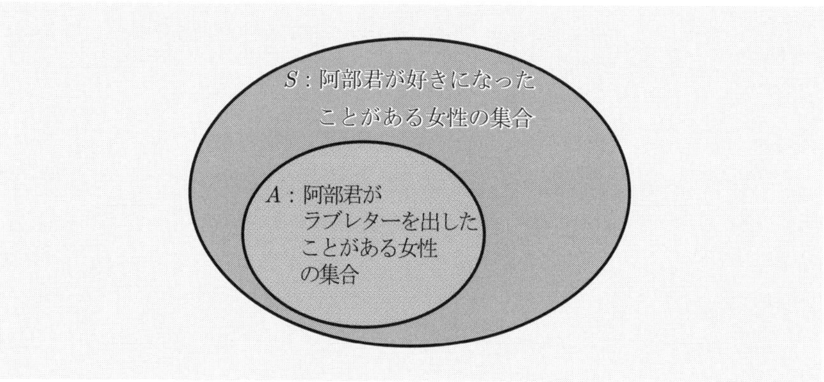


**図 1.2** ベン図

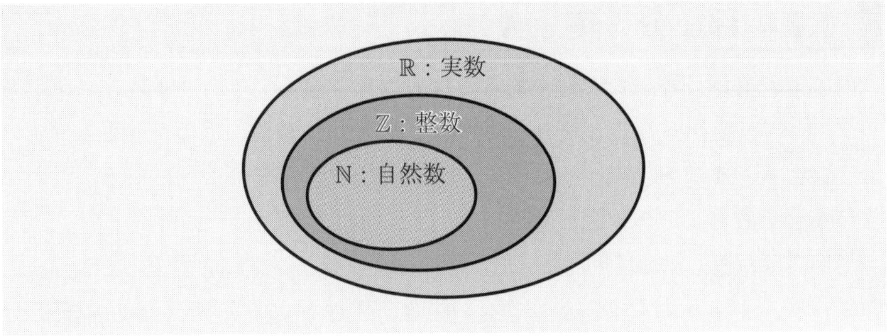


**図 1.3** $\mathbb{N} \subset \mathbb{Z} \subset \mathbb{R}$ を表すベン図

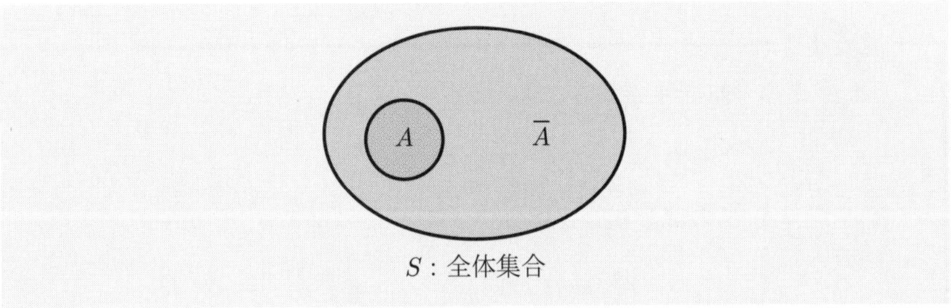


**図 1.4** 補集合を表すベン図

通常，自然数の集合を $\mathbb{N}$，整数の集合を $\mathbb{Z}$，実数の集合を $\mathbb{R}$ で表す．このとき，

$$\mathbb{N} \subset \mathbb{Z} \subset \mathbb{R}$$

である．

さて，阿部君が好きになったことがある女性のみを考えよう．このとき，阿部君がラブレターを出したことがない女性の集合を $\overline{A}$ と書き，これを $A$ の**補集合**という．また，阿部君が好きになったことがある女性の集合 $S$ は，**全体集合**と呼ばれる．

一般に，集合 $S$ を固定してその部分集合のみを考える場合，$A$ に属さない $S$ の要素の集合を $A$ の**補集合**といい，$\overline{A}$ で表す．すなわち，

$$\overline{A} = \{x \,|\, x \notin A\}$$

である．このとき，$S$ を**全体集合**という．

以下の定理は，ベン図より明らかであろう．

**定理 1.1**

$$\overline{\overline{A}} = A$$

**定理 1.2**

$A \subseteq B$ であることと $\overline{B} \subseteq \overline{A}$ であることは同値である．

**例題 1.1**

次のうち，正しいものはどれか．

(1) $\{2,5\} \subset \{1,2,5\}$.

(2) $3 \in \{1,2,5,6\}$.

(3) $\{x \,|\, x$ は 6 の倍数$\} \subset \{x \,|\, x$ は 12 の倍数$\}$.

(4) $\{x \,|\, x$ は 12 の倍数$\} \subset \{x \,|\, x$ は 6 の倍数$\}$.

(5) $\emptyset \subseteq \{0,1,2,5\}$.

(6) $\emptyset \in \{0,1,2,5\}$.

**【解答】** (1), (4), (5) である． □

**コラム**

世界で活躍する日本人のスポーツ選手が増えているように，世界で活躍する日本人の研究者も増えている．そういう一流の研究者は，当然，英語で論文を書く．では，ここまで学んできた用語は，英語では何というのであろうか．これを知っておかないと，皆さんがいざ英語で論文を書こうと思ったときに困ってしまう．集合は，set という．要素は element，要素数は cardinality である．空集合は empty set，有限集合は finite set，無限集合は infinite set，部分集合は subset，真部分集合は proper subset である．また，集合は，系とか族とか呼ばれることもある．系は system，族は family である．

## 1.3 共通集合と和集合

次に2つの集合を考える．阿部君がラブレターを出したことがある女性の集合を $A=\{$美咲さん, 涼子さん, 瞳さん$\}$，豊田君がラブレターを出したことがある女性の集合を $B=\{$涼子さん, 瞳さん, 智美さん$\}$ としよう．このとき，阿部君，豊田君両者ともラブレターを出したことがある女性の集合は，$\{$涼子さん, 瞳さん$\}$ になる．この集合を $A\cap B$ と書き，$A$ と $B$ の**共通集合**という．つまり，

$$A\cap B=\{涼子さん,\ 瞳さん\}$$

である．一般に，$A$ と $B$ の**共通集合**とは，

$$A\cap B=\{x\,|\,x\in A \text{ かつ } x\in B\}$$

のことである．

また，阿部君，または豊田君がラブレターを出したことがある女性の集合は，$\{$美咲さん, 涼子さん, 瞳さん, 智美さん$\}$ になる．この集合を $A\cup B$ と書き，$A$ と $B$ の**和集合**という．つまり，

$$A\cup B=\{美咲さん,\ 涼子さん,\ 瞳さん,\ 智美さん\}$$

である．一般に，$A$ と $B$ の**和集合**とは，

$$A\cup B=\{x\,|\,x\in A \text{ または } x\in B\}$$

のことである．

3つの集合 $A$, $B$, $C$ に関しては，

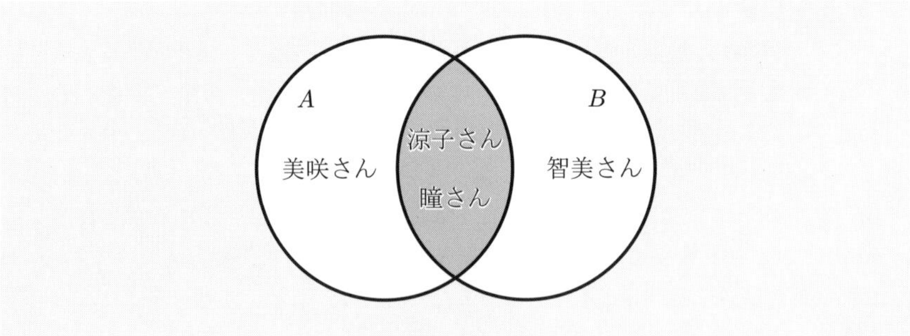


図 1.5 $A\cap B$

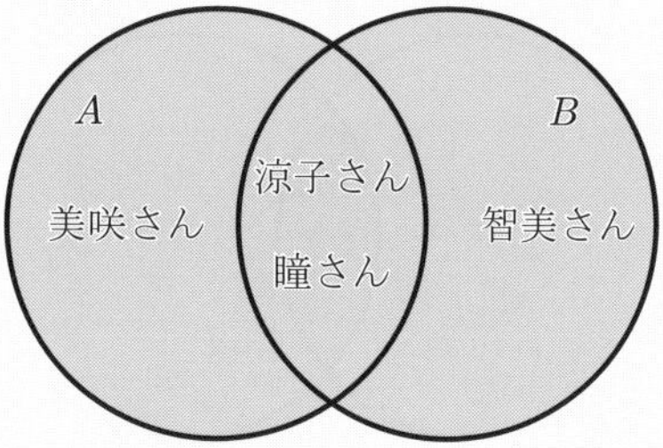


**図 1.6**　$A \cup B$

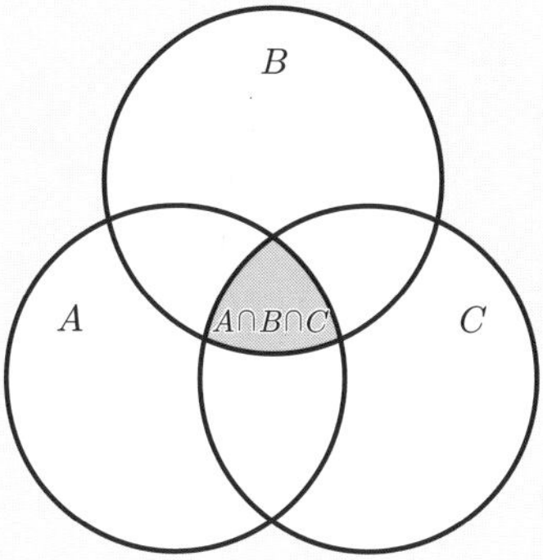


**図 1.7**　$A \cap B \cap C$

$$A \cap B, \quad B \cap C, \quad C \cap A, \quad A \cap B \cap C$$

などの共通集合を考えることができる．

**例題 1.2**

$S = \{2, 4, 6, 8, 10, 12\}$, $T = \{1, 3, 5, 6, 9, 12, 13\}$ のとき，

(1)　$|S|, |T|$ を求めよ．　　(2)　$S \cap T$ を求めよ．

(3)　(2) をベン図を使って確認せよ．

**【解答】** (1)　$|S| = 6, |T| = 7$

(2)　$S \cap T = \{6, 12\}$

(3)　ベン図は，次ページの図 1.8 のようになる．　□

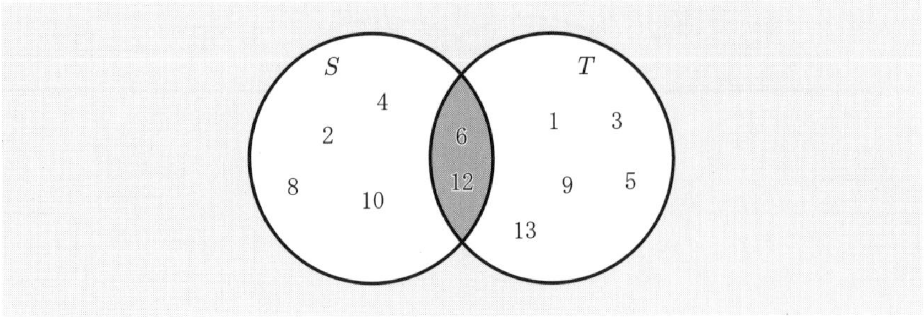


図 1.8 $S \cap T$

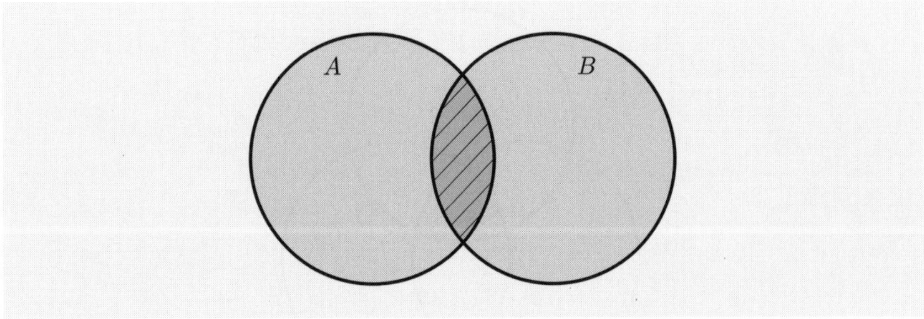


図 1.9 $|A| + |B|$ では，斜線の部分を 2 回カウントしてしまうことになる

さて，$A \cup B$ の要素数は，$|A| + |B|$ ではない．$A \cap B$ を 2 回足してしまっているからである．正しくは，

$$|A \cup B| = |A| + |B| - |A \cap B|$$

である（図 1.9）．

同様に，$\overline{A \cup B}$ の要素数は，$|S| - |A| - |B|$ ではない（$S$ は全体集合）．$A \cap B$ を 2 回引いてしまっているからである．正しくは，

$$|\overline{A \cup B}| = |S| - |A| - |B| + |A \cap B|$$

である．

## 1.4　ド・モルガンの法則

全体集合を $S$，その部分集合を $A$, $B$ とすると，以下の定理が成り立つ．これを，**ド・モルガンの法則**という．

**定理 1.3**

$$\overline{A \cup B} = \overline{A} \cap \overline{B} \tag{1.1}$$

$$\overline{A \cap B} = \overline{A} \cup \overline{B} \tag{1.2}$$

この定理が成り立つことは，図 1.10 ～ 1.13 のベン図より直観的にわかる．

次に，これをきちんと証明してみよう．まず，式 (1.1) を証明するために，以下の補題を示す．

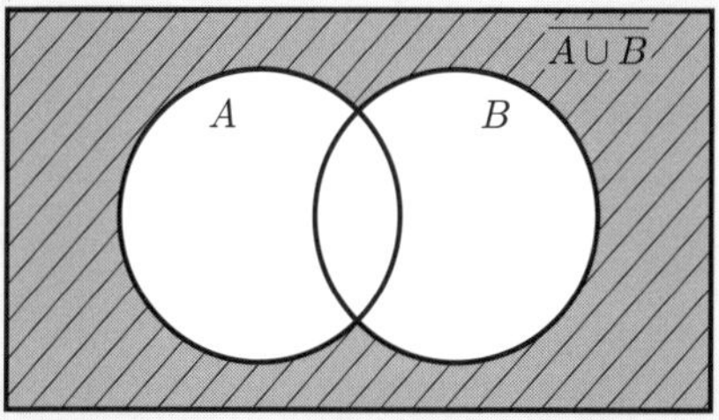


**図 1.10**　$\overline{A \cup B}$

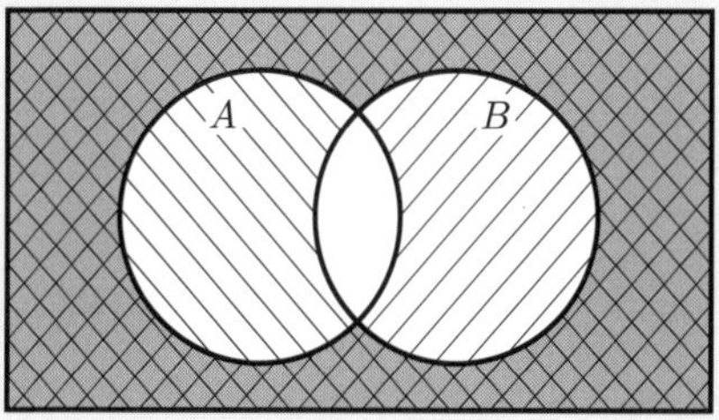


**図 1.11**　$\overline{A} \cap \overline{B}$

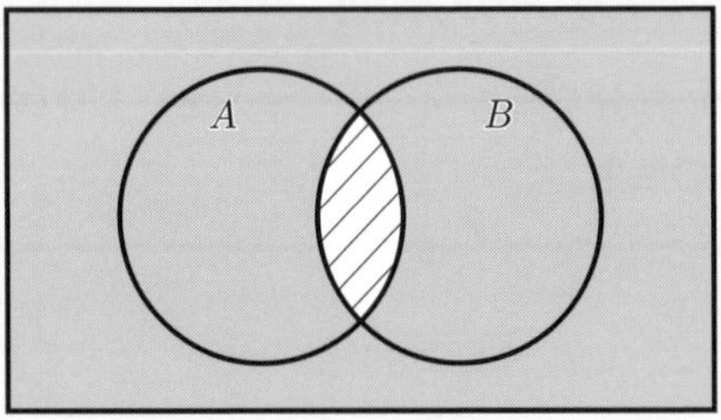


図 1.12　$\overline{A\cap B}$

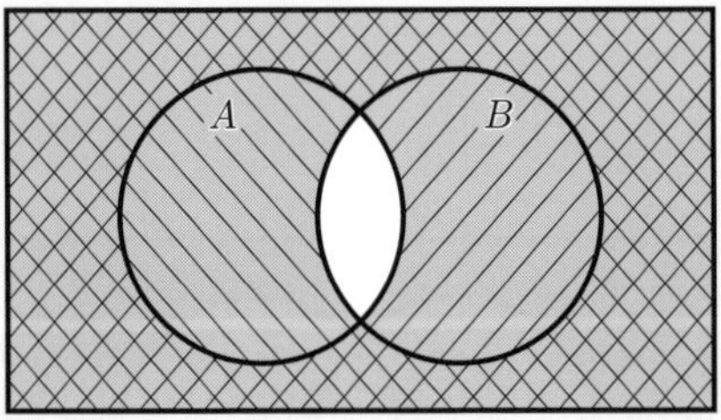


図 1.13　$\overline{A}\cup\overline{B}$

**補題 1.1**

$$\overline{A\cup B}\subseteq\overline{A}\cap\overline{B}$$

**[証明]**　部分集合の定義 1.1 を思い出そう．これより，$x\in\overline{A\cup B}$ であれば，$x\in\overline{A}\cap\overline{B}$ を示せばよい．

まず，$A\subset A\cup B$ であるから，定理 1.2 より，

$$\overline{A\cup B}\subseteq\overline{A}.$$

よって，$x\in\overline{A\cup B}$ であれば，$x\in\overline{A}$ が成り立つ．同様に，$x\in\overline{A\cup B}$ であれば，$x\in\overline{B}$ が成り立つ．したがって，$x\in\overline{A\cup B}$ であれば，$x\in\overline{A}\cap\overline{B}$ が成り立つ．よって，$\overline{A\cup B}\subseteq\overline{A}\cap\overline{B}$. ■

次に，逆向きの補題を示す．

**補題 1.2**

$$\overline{A} \cap \overline{B} \subseteq \overline{A \cup B}$$

**［証明］** $x \in \overline{A} \cap \overline{B}$ であれば，$x \in \overline{A \cup B}$ を示せばよい．

背理法を利用する．$x \in \overline{A} \cap \overline{B}$ であるにもかかわらず，

$$x \notin \overline{A \cup B}$$

であると仮定しよう．これは，$x \in A \cup B$ を意味する．このとき，$x \in A$，または $x \in B$．$x \in A$ のとき，$x \in \overline{A} \cap \overline{B}$ に矛盾する．同様に，$x \in B$ のときも，$x \in \overline{A} \cap \overline{B}$ に矛盾する．よって，$x \in A \cup B$ は成り立たない．つまり，$x \notin \overline{A \cup B}$ は成り立たない．したがって，$x \in \overline{A \cup B}$．これで，$\overline{A} \cap \overline{B} \subseteq \overline{A \cup B}$ を証明できた． ▨

上記 2 つの補題より，式 (1.1) が成り立つことがわかる．次に，式 (1.2) を証明しよう．

**［式 (1.2) の証明］** $\overline{A}, \overline{B}$ に対し，式 (1.1) を適用すると，以下の式が得られる．

$$\overline{\overline{A} \cup \overline{B}} = \overline{\overline{A}} \cap \overline{\overline{B}}$$

右辺に定理 1.1 を適用すると，

$$\overline{\overline{A} \cup \overline{B}} = A \cap B$$

が得られる．両辺の補集合を取ると，

$$\overline{\overline{\overline{A} \cup \overline{B}}} = \overline{A \cap B}$$

左辺に定理 1.1 を適用すると，

$$\overline{A} \cup \overline{B} = \overline{A \cap B}$$

これで，式 (1.2) を証明できた． ▨

**例題 1.3**

全体集合 $U=\{1,2,3,4,5,6\}$ に対し，$P=\{1,3,6\}$，$Q=\{1,2,3,4\}$ を考える．このとき，以下の集合を求めよ．

(1) $\overline{P\cap Q}$.

(2) $\overline{P\cup Q}$.

(3) $\overline{P}\cup\overline{Q}$.

(4) $P\cup\overline{P}$.

(5) $\overline{P}\cap\overline{Q}$.

**【解答】** まず，ベン図を書くと，図 1.14 のようになる．

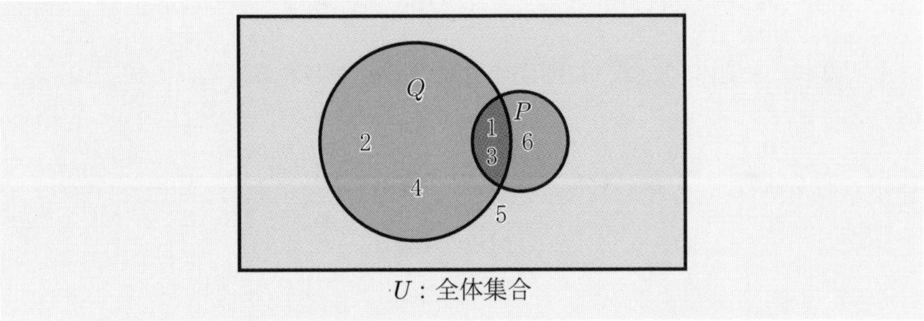


**図 1.14** $U$ と $P,Q$ の関係を表すベン図

これより，解答は以下のようになることがわかる．

(1) $P\cap Q=\{1,3\}$ であるから，$\overline{P\cap Q}=\{2,4,5,6\}$.

(2) $P\cup Q=\{1,2,3,4,6\}$ であるから，$\overline{P\cup Q}=\{5\}$.

(3) $\overline{P}=\{2,4,5\}$，$\overline{Q}=\{5,6\}$ であるから，$\overline{P}\cup\overline{Q}=\{2,4,5,6\}$.

(4) $P\cup\overline{P}=U=\{1,2,3,4,5,6\}$.

(5) (3) の解答より，$\overline{P}\cap\overline{Q}=\{5\}$.

以上より，

$$\overline{P\cup Q}=\overline{P}\cap\overline{Q}$$

$$\overline{P\cap Q}=\overline{P}\cup\overline{Q}$$

となり，ド・モルガンの法則が成り立っていることがわかる．□

## 1.5 べ き 集 合

$S = \{$美咲, 涼子, 瞳$\}$の全ての部分集合を列挙すると,

$$\emptyset,\ \{\text{美咲}\},\ \{\text{涼子}\},\ \{\text{美咲},\ \text{涼子}\},\ \{\text{瞳}\},$$
$$\{\text{美咲},\ \text{瞳}\},\ \{\text{涼子},\ \text{瞳}\},\ \{\text{美咲},\ \text{涼子},\ \text{瞳}\}$$

となる．これらの部分集合を要素とする集合を$S$の**べき集合**といい，$2^S$で表す．すなわち，次のようになる．

$$2^S = \{\emptyset,\ \{\text{美咲}\},\ \{\text{涼子}\},\ \{\text{美咲},\ \text{涼子}\},\ \{\text{瞳}\},$$
$$\{\text{美咲},\ \text{瞳}\},\ \{\text{涼子},\ \text{瞳}\},\ \{\text{美咲},\ \text{涼子},\ \text{瞳}\}\}$$

このとき，明らかに $|2^S| = 8$ である．また，$|S| = 3$ なので，$2^{|S|} = 2^3 = 8$．よって，

$$|2^S| = 8 = 2^{|S|}$$

が成り立っていることがわかる．これは，$2^S$ を図 1.15 のような 2 分木（7.3 節参照）で考えるとわかりやすい．

一般に，集合 $S$ のべき集合を

$$2^S = \{X \mid X \subseteq S\}$$

によって定義する．このとき，以下の定理が成り立つ．

**定理 1.4**

$$|2^S| = 2^{|S|} \tag{1.3}$$

証明は，次節の最後において与える．

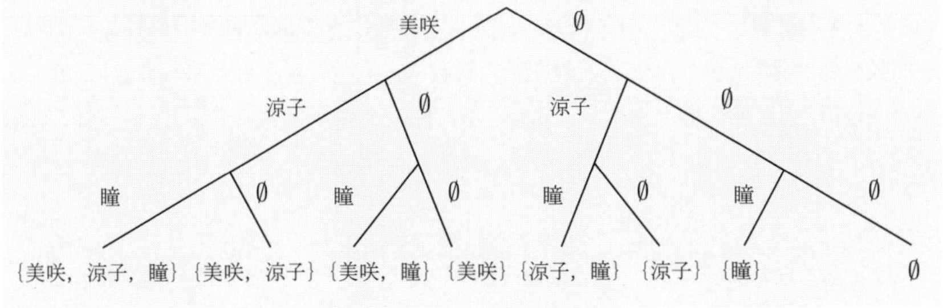


**図 1.15** べき集合 $2^S$

## 1.6 特性関数

$S = \{$美咲, 涼子, 瞳$\}$ の各部分集合 $A$ に対し，以下のようのような写像 $\chi_A$ を考える．

**表 1.1**

| | 美咲 | 涼子 | 瞳 |
|---|---|---|---|
| $\chi_{\emptyset}$ | 0 | 0 | 0 |
| $\chi_{\{美咲\}}$ | 1 | 0 | 0 |
| $\chi_{\{涼子\}}$ | 0 | 1 | 0 |
| $\chi_{\{美咲，涼子\}}$ | 1 | 1 | 0 |
| $\chi_{\{瞳\}}$ | 0 | 0 | 1 |
| $\chi_{\{美咲，瞳\}}$ | 1 | 0 | 1 |
| $\chi_{\{涼子，瞳\}}$ | 0 | 1 | 1 |
| $\chi_{\{美咲，涼子，瞳\}}$ | 1 | 1 | 1 |

すなわち，$\chi_A$ の値は，$A$ の要素に対しては 1，それ以外の要素に対しては 0 となる．

一般に，全体集合 $S$ の部分集合 $A$ に対し，その**特性関数** $\chi_A$ を以下のように定義しよう．$a \in S$ に対し

$$\chi_A(a) = \begin{cases} 1 & (a \in A \text{ のとき}) \\ 0 & (a \notin A \text{ のとき}) \end{cases}$$

このような特性関数を利用すると，定理 1.4 を簡単に証明できる．

**[定理 1.4 の証明]** まず，特性関数の定義より，集合 $S$ の部分集合の総数と $S$ 上の特性関数の総数は等しい．また，特性関数の総数は，上記の表からわかるように，$0 \cdots 0$ から $1 \cdots 1$ まで $2^{|S|}$ 個である．よって，式 (1.3) が成り立つ． ■

# 1 章 の 問 題

□ **1** 次のうち，集合となるものはどれか．

(1) 背が高い人の集まり．

(2) 日本の県の集まり．

(3) 茨城大学の学生の集まり．

(4) 4 の倍数の集まり．

(5) 強い野球チームの集まり．

□ **2** 次のうち，正しいものはどれか．

(1) $2 \in \{1, 3, 5\}$.

(2) $4 \in \{1, 2, 4\}$.

(3) $6 \notin \{x \,|\, x$ は 10 以下の偶数$\}$.

(4) $8 \in \{x \,|\, x$ は素数$\}$.

□ **3** 次の値を求めよ．

(1) $A = \{a, b, c, d, e, f\}$ のとき，$|A|$.

(2) $B = \{x \,|\, 1 \leq x \leq 10$ の整数$\}$ のとき，$|B|$.

(3) $C = \{x \,|\, x$ はセ・リーグのチーム$\}$ のとき，$|C|$.

(4) $D = \{x \,|\, x$ は 18 と 24 の公約数$\}$ のとき，$|D|$.

(5) $E = \{x \,|\, x$ は 10 と 11 の公約数$\}$ のとき，$|E|$.

□ **4** 自然数全体の集合は無限集合である．その他に，無限集合の例をあげよ．

□ **5** 次のうち，正しいものはどれか．

(1) $\{7\} \in \{1, 2, 5, \{7\}\}$.

(2) $\{7\} \subseteq \{1, 2, 5, \{7\}\}$.

(3) $\{\{7\}\} \subseteq \{1, 2, 5, \{7\}\}$.

(4) $\emptyset \subseteq \emptyset$.

(5) $\{a, d\} \in \{a, b, c, \{a, b\}\}$.

□ **6** 全体集合 $S = \{x \,|\, 1 \leq x \leq 10$ の整数$\}$ に対し，$A = \{1, 2, 5, 9\}$，$B = \{2, 3, 4, 8\}$ を考える．次のうち，正しいものはどれか．

(1) $A \subset S$.　　(2) $A \subset B$.　　(3) $\overline{A} \subset S$.

□ **7** 上記の $S$, $A$, $B$ に対し，次の集合を求めよ．

(1) $\overline{A}$.　　(2) $\overline{B}$.　　(3) $\overline{\overline{A}}$.

□ **8**　1 から 10 までの間のうち，2 で割り切れる整数の集合を $A$，3 で割り切れる整数の集合を $B$ とする．

(1)　$A \cap B$ を求めよ．

(2)　$A \cup B$ を求めよ．

□ **9**　集合 $P, Q, R$ に対し，以下が成り立つ．

(1)　$P \cup (Q \cap R) = (P \cup Q) \cap (P \cup R)$.

(2)　$P \cap (Q \cup R) = (P \cap Q) \cup (P \cap R)$.

□ **10**　$S = \{0, 1\}$ とするとき，$S$ のべき集合を求めよ．

□ **11**　$S = \{a, b, c\}$ とするとき，$S$ のべき集合を求めよ．

□ **12**　集合 $S = \{1, 2, 3, 4, 5, 6\}$ の部分集合を $A = \{1, 3, 5\}$ とする．このとき，$A$ の特性関数 $\chi_A$ を示せ．

□ **13**　集合 $S = \{1, 2, 3, 4, 5, 6\}$ の部分集合を $B = \{2, 4, 6\}$ とする．このとき，$B$ の特性関数 $\chi_B$ を示せ．

□ **14**　次の集合のべき集合の要素数を求めよ．

(1)　$P = \{a, b, c, d\}$.

(2)　$Q = \{1, 2, 3, 4, 5\}$.

(3)　$R = \{$赤，青，黄，白$\}$.

# 第2章

# 関係と写像

たとえば，恋愛関係にあった男女のペアの集合は，数学における「関係」の定義をも満たしている．ただし，数学においては，$a$, $b$ 間に「関係」があるかないかのみが扱われる．一方，集合 $A$ の各元に対して集合 $B$ の元をただ1つずつ指定するような規則 $f$ を，$A$ から $B$ への写像という．

本章では，まず，数学における「関係」を定義し，重要な関係である同値関係について説明する．次に，写像を定義し，それを利用して無限集合の濃度について説明する．


2.1　直積と関係
2.2　同値関係と同値類
2.3　写像
2.4　濃度

## 2.1 直積と関係

2つの集合 $A = \{$美咲, 涼子, 瞳$\}$ と $B = \{$阿部, 豊田$\}$ に対し，$a \in A$ と $b \in B$ のペア $(a, b)$ を列挙すると以下のような表が得られる．

表 2.1 直積 $A \times B$

| | 阿部 | 豊田 |
|---|---|---|
| 美咲 | (美咲, 阿部) | (美咲, 豊田) |
| 涼子 | (涼子, 阿部) | (涼子, 豊田) |
| 瞳 | (瞳, 阿部) | (瞳, 豊田) |

このようなペア $(a, b)$ の集合を $A \times B$ で表し，$A$ と $B$ の**直積**《ちょくせき》という．

次に，このうち恋愛関係にあったことがあるペアの集合を

$$R = \{(\text{涼子, 阿部}), (\text{瞳, 阿部}), (\text{瞳, 豊田})\}$$

としよう（表 2.2）．このような $A \times B$ の部分集合 $R$ を，$A$ と $B$ の間の**関係**（あるいは**2項関係**）という（図 2.1）．

表 2.2 関係 $R$

| | 阿部 | 豊田 |
|---|---|---|
| 美咲 | | |
| 涼子 | (涼子, 阿部) | |
| 瞳 | (瞳, 阿部) | (瞳, 豊田) |

一般に，2つの集合 $A$ と $B$ に対し，

$$A \times B = \{(a, b) \mid a \in A, b \in B\}$$

となる集合を $A$ と $B$ の**直積**という．また，直積 $A \times B$ の部分集合 $R$ を，$A$ と $B$ の間の**関係**（あるいは**2項関係**）という．

このやり方を拡張して，3つの集合の直積

$$A \times B \times C = \{(a, b, c) \mid a \in A, b \in B, c \in C\}$$

を考えることができる（図 2.2）．より一般的に，$n$ 個の集合の直積

$$A_1 \times \cdots \times A_n = \{(a_1, \cdots, a_n) \mid a_1 \in A_1, \cdots, a_n \in A_n\}$$

を考えることもできる．

また，$A$ どうしの直積を考えることもできる．このような場合は，$A^2 = A \times A$

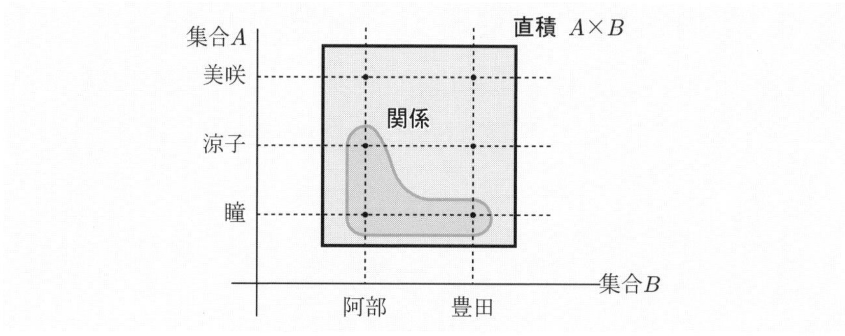


**図 2.1** 直積と関係

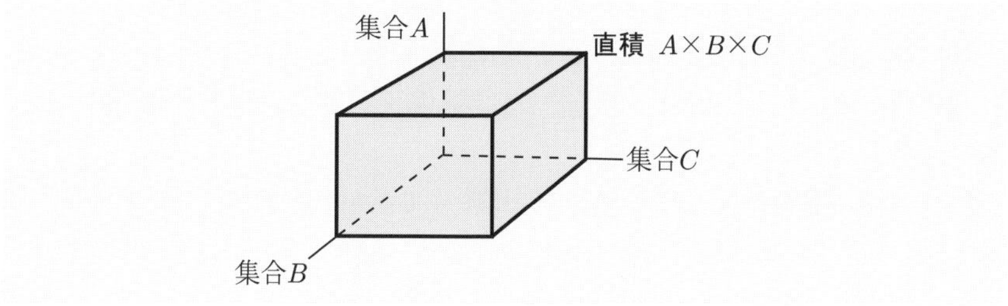


**図 2.2** 3 つの集合の直積

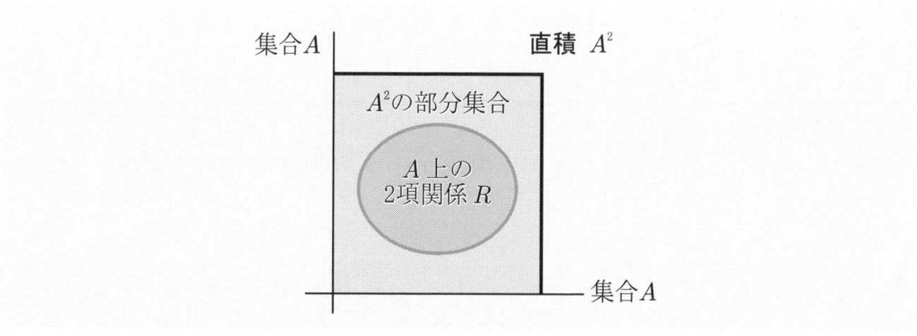


**図 2.3** $A$ どうしの直積：$A^2 = A \times A$

で表す．$n$ 個の $A$ からなる直積の場合は，$A^n = A \times \cdots \times A$ で表す．さらに，$A^2$ の部分集合 $R$ を $A$ 上の 2 項関係，$A^n$ の部分集合 $R$ を $A$ 上の $n$ 項関係という（図 2.3）．

平面上の任意の 1 点は，($x$ 座標，$y$ 座標）によって表すことができる．したがって，平面は，実数の集合 $\mathbb{R}$ の直積 $\mathbb{R}^2$ によって表すことができる．同様に，3 次元空間は $\mathbb{R}^3$ によって表すことができる．

## 2.2 同値関係と同値類

I大学の学生の集合を $A$ とし，$A$ 上の2項関係 $R$ を以下のように定義しよう．

$$R=\{(a,b)\,|\,a \text{ と } b \text{ は同じ学科に属している}\}$$

このとき，$R$ は以下の3条件を満たすことがわかる．

**反射律**　$a\in A$ であれば，$(a,a)\in R$.
**対称律**　$(a,b)\in R$ であれば，$(b,a)\in R$.
**推移律**　$(a,b)\in R$, $(b,c)\in R$ であれば，$(a,c)\in R$.

これは，以下のように確かめることができる．

**反射律**　阿部君と阿部君は，同じ学科に属している．

**対称律**　阿部君と豊田君が同じ学科に属していれば，豊田君と阿部君も同じ学科に属している．

**推移律**　阿部君と豊田君が同じ学科に属して，かつ豊田君と前田君が同じ学科に属していれば，阿部君と前田君は同じ学科に属している．

このような関係を，**同値関係**という．

**定義 2.1**
集合 $A$ 上の2項関係 $R$ が反射律，対称律，推移律を満たすとき，関係 $R$ を集合 $A$ 上の同値関係という．

$a\in A$ に対し，$a$ と同値なすべての元 $b\in A$ の集合を $R[a]$ で表す．つまり，記号で書けば，

$$R[a]=\{b\,|\,(a,b)\in R\}$$

である．このとき，$R[a]$ を $a$ で決まる $R$ の**同値類**という．上記の例で考えると，

$$R[\text{阿部君}]=\{x\,|\,x \text{ は阿部君と同じ学科に属する}\}$$

ということになる．もし阿部君が情報工学科に属していれば，$R$[阿部君] は情報工学科に属する学生の集合である．

ここで，以下の定理が成り立つ．

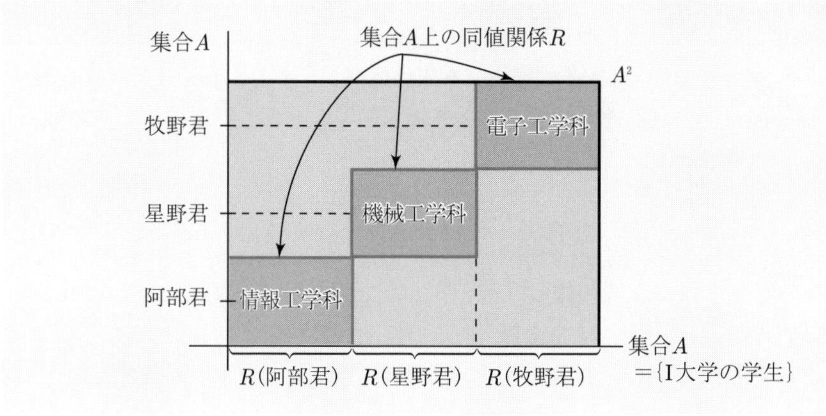


**図 2.4**　同値類

**定理 2.1**

集合 $A$ 上の同値関係 $R$ に関し，以下の性質が成り立つ．

(1)　$a \in A$ であれば，$a \in R[a]$.

(2)　$R[a] \cap R[b] \neq \emptyset$ であれば，$R[a] = R[b]$.

**[証明]**　簡単のため，上記の例について証明する．(1) は，$a =$ 阿部君として考えれば，反射律より明らかであろう．(2) を示すために，$R[$阿部君$] \cap R[$豊田君$] \neq \emptyset$ と仮定しよう．すると，阿部君と同じ学科に属し，かつ豊田君とも同じ学科に属する学生が存在する．前田君がそのような学生だとしよう．つまり，阿部君と前田君は同じ学科に属し，前田君と豊田君は同じ学科に属する．ここで，推移律が成り立っているので，阿部君と豊田君は同じ学科に属することがわかる．

したがって，$R[$阿部君$] = R[$豊田君$]$ が成り立つ．■

最後に，同値類の集合を**商集合**といい，$A \setminus R$ で表す．すなわち，

$$A \setminus R = \{R[a] \mid a \in A\}$$

である．上記の例においては，

$A \setminus R = \{$情報工学科の学生の集合，機械工学科の学生の集合，$\cdots\}$

となる．

## 2.3 写　　像

集合 $A$ から集合 $B$ への**写像**（あるいは関数）$f$ を，$f : A \to B$ と表す．$y = f(x)$ であることを強調するときは，$x \mapsto y$ と書く．$A$ を $f$ の**定義域**，$B$ を $f$ の**値域**という．集合

$$f(A) = \{y \,|\, y = f(x), x \in A\}$$

を，写像 $f$ による $A$ の**像**という（図 2.5）．明らかに，$f(A) \subseteq B$ である．

$f(A) = B$ のとき，$f$ を**全射**，あるいは**上への写像**という（図 2.6）．$x \neq x'$ ならば $f(x) \neq f(x')$ であるとき，$f$ を**単射**，あるいは**1 対 1 の写像**という（図 2.7）．

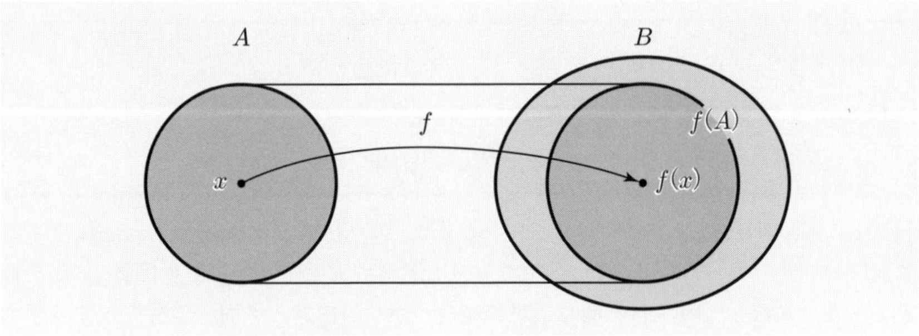


**図 2.5**　$f(A)$

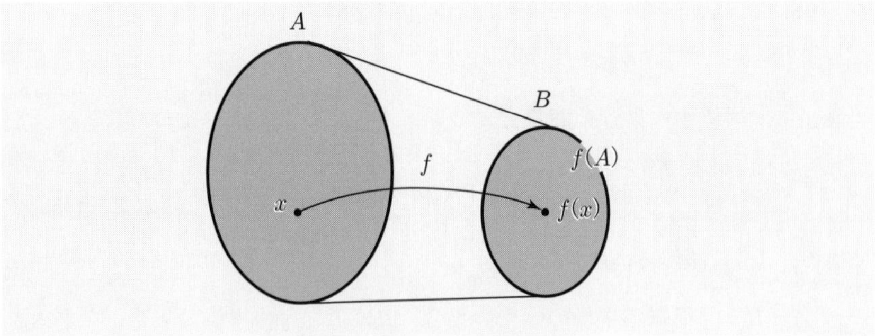


**図 2.6**　全射，上への写像

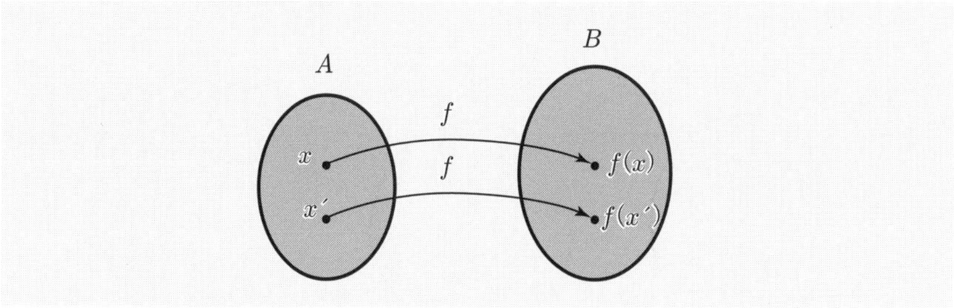


**図 2.7**　単射，1 対 1 の写像

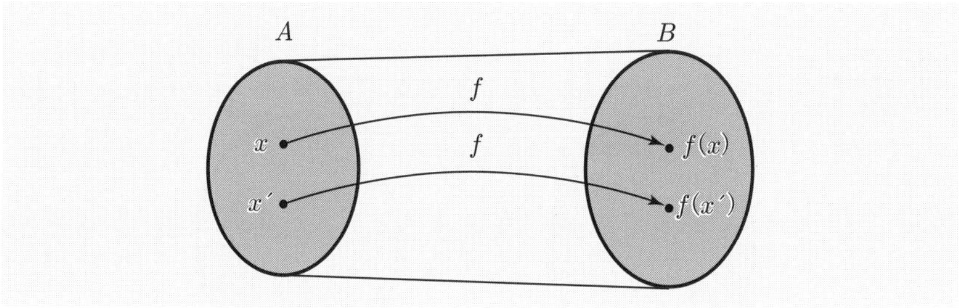


**図 2.8**　全単射

全射かつ単射である $f$ を，**全単射**という（図 2.8）．以下の定理は，明らかであろう．

**定理 2.2**

$A, B$ を有限集合とする．$A$ から $B$ への全単射が存在するとき，かつこのときに限り，$|A| = |B|$ である．

2 つの写像 $f : A \to B$, $g : B \to C$ に対し，その**合成写像** $g \circ f : A \to C$ を，

$$(g \circ f)(x) = g(f(x))$$

によって定義する（図 2.9）．これは，

$$A \xrightarrow{f} B \xrightarrow{g} C$$

と書いてもよい．

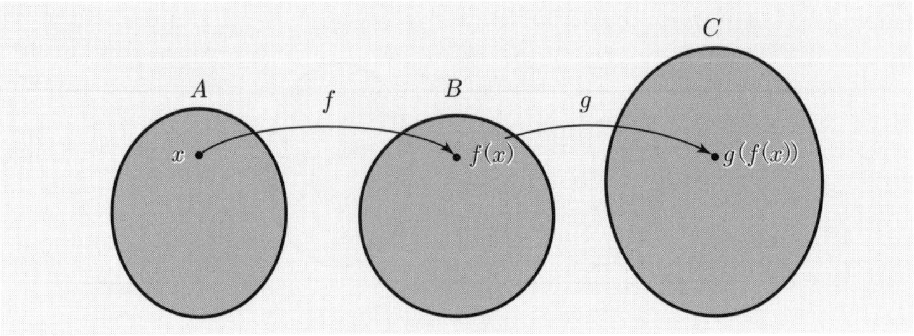


図 2.9 合成写像 $g \circ f$

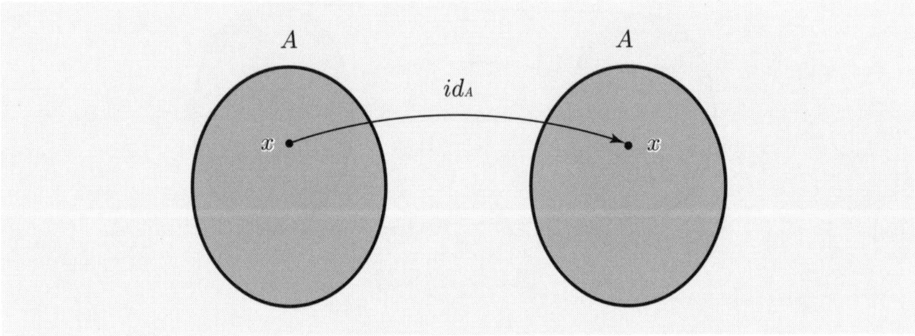


図 2.10 恒等写像

各 $x \in A$ に対し，$f(x) = x$ となる写像 $f : A \to A$ を，集合 $A$ 上の**恒等写像**という．このとき，$f$ を $id_A$ で表す．つまり，$id_A(x) = x$ である（図 2.10）．

写像 $f : A \to B$ に対し，

$$g \circ f = id_A, \quad f \circ g = id_B$$

となる写像 $g : B \to A$ が存在するとき，$f$ を**同型写像**という．また，$g$ を $f$ の**逆写像**という．このとき，$g$ も同型写像で，$g$ の逆写像は $f$ である．

以下の定理は，ほぼ自明であろう．

**定理 2.3**

写像 $f : A \to B$ が同型写像であることと全単射であることは同値である．

## 2.4 濃　　度

「$A$ から $B$ への全単射が存在すれば $|A| = |B|$ である」というのは，有限集合の場合は当然である．しかし，無限集合の場合は様子が異なってくる．0 を含む自然数の集合を $\mathbb{N}$，そのうち偶数の集合を $\boldsymbol{E}$ とすると，明らかに $\boldsymbol{E} \subset \mathbb{N}$（真部分集合）である．ところが，$f(x) = 2x$ という写像 $f : \mathbb{N} \to \boldsymbol{E}$ を考えると，これは全単射となる．実際，

$$f(0) = 0$$
$$f(1) = 2$$
$$f(2) = 4$$
$$\vdots$$

つまり，$\boldsymbol{E} \subset \mathbb{N}$（真部分集合）であるにもかかわらず，両者の間には全単射が存在する，ということになる．

この問題に対し，カントールは**濃度**という概念を導入し，「$A$ から $B$ への全単射が存在するとき，$A$ と $B$ は同じ濃度を持つ」と定義した．

自然数の集合 $\mathbb{N}$ の濃度を**アレフゼロ**（記号 $\aleph_0$）と呼ぶ．すると，非負の偶数の集合の濃度もアレフゼロである．また，有理数の集合の濃度もアレフゼロとなる．このように，濃度がアレフゼロとなる集合を**可算集合**という．自然数の集合，偶数の集合，有理数の集合は可算集合である．

一方，実数の集合は可算集合ではない．次に，これを証明しよう．この証明に用いられるテクニックを**対角線論法**といい，非常に重要である．

**定理 2.4**

実数の集合は可算集合ではない．

**［証明］**　自然数の集合 $\mathbb{N}$ から実数の集合 $\mathbb{R}$ への全単射が存在しないことを示せばよい．

まず，任意の $f : \mathbb{N} \to \mathbb{R}$ に対し，$f(n)$ の値を 2 進数で表して，以下のような表を作る．

$$f(0) = a_0.b_{00}\ b_{01}\ b_{02} \cdots$$
$$f(1) = a_1.b_{10}\ b_{11}\ b_{12} \cdots$$
$$f(2) = a_2.b_{20}\ b_{21}\ b_{22} \cdots$$
$$\vdots$$

ここで，$a_i$ は整数部分，$b_{i0}$ は小数点第1位，$b_{i1}$ は小数点第2位，$\cdots$ を表す．

次に，小数点以下の対角線の部分 $b_{00}, b_{11}, b_{22}, \cdots$ に対し，その0と1を反転させた $c_{00}, c_{11}, c_{22}, \cdots$ を考える．

$$
\begin{aligned}
f(0) &= *.\ b_{00} \quad * \quad * \ \cdots \\
f(1) &= *.\ \ * \quad b_{11} \quad * \ \cdots \\
f(2) &= *.\ \ * \quad * \quad b_{22} \cdots \\
&\ \ \vdots
\end{aligned}
$$

すなわち，

$$
c_{ii} = \begin{cases} 1 & (b_{ii} = 0 \text{ のとき}) \\ 0 & (b_{ii} = 1 \text{ のとき}) \end{cases}
$$

これから，

$$
C = 0.c_{00}c_{11}c_{22}\cdots
$$

という新しい実数 $C$ を作る．すると，どの自然数 $n$ に対しても $b_{nn} \neq c_{nn}$ であるから，どの自然数 $n$ に対しても $f(n) \neq C$ である．

$$
\begin{aligned}
f(0) &\neq *.\ c_{00} \quad * \quad * \ \cdots \\
f(1) &\neq *.\ \ * \quad c_{11} \quad * \ \cdots \\
f(2) &\neq *.\ \ * \quad * \quad c_{22} \cdots \\
&\ \ \vdots
\end{aligned}
$$

したがって，この $f$ は実数の集合への全射ではない．これで，任意の $f : \mathbb{N} \to \mathbb{R}$ に対し，$f$ は全射とはならないことを示した．つまり，自然数の集合 $\mathbb{N}$ から実数の集合 $\mathbb{R}$ への全単射は存在しない． ■

可算集合より濃度が大きく実数の集合より濃度が小さい集合は存在しない，という仮説を**連続体仮説**という．ゲーデルとコーエンは，この仮説は正しいとも正しくないとも証明できないということを示した．これは，ゲーデルの不完全性定理といわれる大定理に関連した非常に高度な話題である．

# 2 章 の 問 題

□ **1**　$A=\{0,\ 1\}$，$B=\{a,\ b\}$ のとき，$A\times B$ を求めよ．また，$A$ と $B$ の間の 2 項関係 $R$ の例をあげよ．

□ **2**　$A=\{0,1\}$ のとき，$A^2$ を求めよ．また，$A$ 上の 2 項関係 $R$ の例をあげよ．

□ **3**　集合 $A=\{0,1,2,3,4,5\}$ 上の 2 項関係 $R$ を以下のように定義する．

$$R=\{(a,b)\,|\,a-b \text{ は 2 で割り切れる}\}$$

このとき，$R$ が同値関係であることを示せ．

□ **4**　上記において，同値類 $R[0], R[1]$ を求めよ．また， 商集合 $A\setminus R$ を求めよ．なお，$R[a]$ については，2.2 節参照のこと．

□ **5**　$A$ を日本人の集合とし，$A$ 上の関係 $R$ を以下のように定義する．

$R=\{(a,b)\,|\,a,b$ は，同じ干《え》支《と》に属している$\}$

このとき，$R$ が同値関係であることを示せ．また， 商集合 $A\setminus R$ を求めよ．

□ **6**　図 2.11 に示す写像 $f_1: A\to B$ について，$f(A)$ を求めよ．

□ **7**　図 2.12 に示す写像 $f_2: A\to B$ について，$f(A)$ を求めよ．

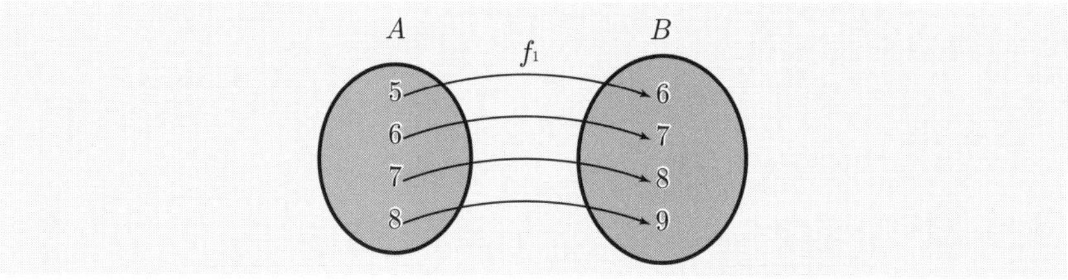


図 2.11　問題 6

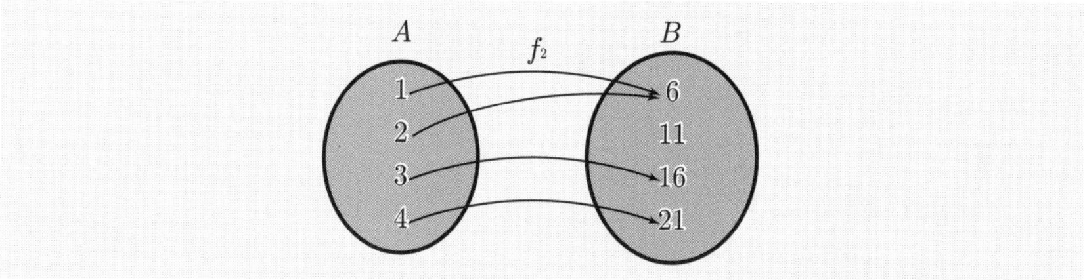


図 2.12　問題 7

□ **8** 問題 6, 7 のうち全単写である写像はどちらか．また，同型写像はどちらか．

□ **9** 以下の写像は，それぞれ，全射あるいは単射になっているか．

(1) $A$ をある小学校の児童の集合，$B$ を児童の母親の集合とする．このとき，児童からその母親への写像 $f$.

(2) $A$ を日本人の集合，$B$ を $B = \{0, 1, 2, \cdots, 200\}$ とする．このとき，日本人からその年令への写像 $f$.

(3) $A$ を日本の中の市の集合，$B$ を都道府県の集合とする．このとき，市からそれが属する都道府県への写像 $f$.

(4) $A$ を（都道府）県庁所在地の市の集合，$B$ を都道府県の集合とする．このとき，市からそれが属する都道府県への写像 $f$.

□ **10** 図 2.13 のような写像 $f, g$ について，$g(f(x))$ を求めよ．

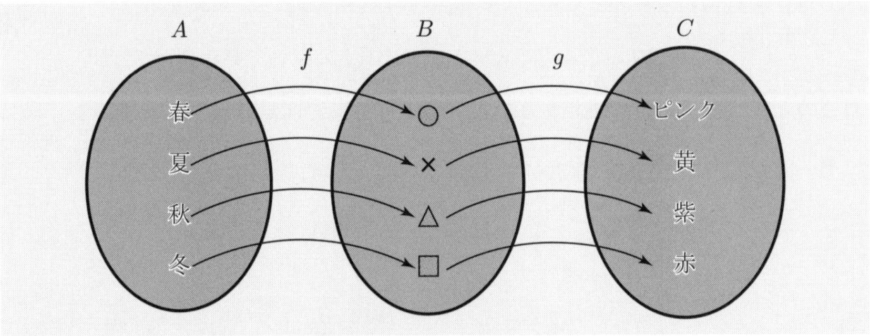


**図 2.13** 問題 10

□ **11** 整数の集合 $\mathbb{Z}$ が可算集合であることを示せ．

□ **12** $\mathbb{N}^2 = \{(a, b) \mid a, b \in \mathbb{N}\}$ が可算集合であることを示せ．

# 第3章

# 順　序　関　係

半順序関係は，同値関係と並んで重要な２項関係である．実数どうしは，大小関係により比較が可能である．I 大学の情報工学科の学生の成績も，比較が可能である．半順序関係とは，このような「比較」の一般化・抽象化である．また，このような関係が定まっている集合を順序集合という．たとえば，自然数の全体は，順序集合である．本章では，半順序関係,（半）順序集合，全順序（線形順序）集合，鎖《さ》，反《はん》鎖《さ》，極大元・極小元について説明する．

3.1　半順序関係
3.2　極大，極小

## 3.1 半順序関係

集合 $A$ 上の 2 項関係 $R$ が，**反射律**，**反対称律**，**推移律**を満たすとき，関係 $R$ は集合 $A$ 上の**半順序関係**といわれる．

| | |
|---|---|
| **反射律** | $a \in A$ であれば，$(a,a) \in R$. |
| **反対称律** | $(a,b) \in R$ かつ $(b,a) \in R$ であれば，$a=b$. |
| **推移律** | $(a,b) \in R$，$(b,c) \in R$ であれば，$(a,c) \in R$. |

半順序関係は，同値関係と並んで重要な 2 項関係である（反対称律を対称律に置き換えたものが同値関係である）．

**例 3.1** ● 大小関係 $\leq$ は，正の整数の集合 $\mathbb{N}$ 上の半順序関係である．実際，

(1) $a \leq a$.

(2) $a \leq b, b \leq a$ ならば，$a=b$.

(3) $a \leq b, b \leq c$ ならば，$a \leq c$.

● $\mathbb{N}$ 上の関係 $R$ を，

$$a \mid b$$

のとき $(a,b) \in R$ と定義すると，$R$ は $\mathbb{N}$ 上の半順序関係である．ただし，$a \mid b$ は，$a$ は $b$ を割り切る，という意味である．実際，

(1) $a \mid a$.

(2) $a \mid b, b \mid a$ ならば，$a=b$.

(3) $a \mid b, b \mid c$ ならば，$a \mid c$.

● $\boldsymbol{S}$ を集合を要素とする任意の集合とする．このとき，集合の包含関係 $\subseteq$ は $\boldsymbol{S}$ 上の半順序関係である．実際，

(1) $a \subseteq a$.

(2) $a \subseteq b, b \subseteq a$ ならば，$a=b$.

(3) $a \subseteq b, b \subseteq c$ ならば，$a \subseteq c$. □

通常，半順序関係を $\leq$ で表す．また，$a \leq b$ で $a \neq b$ のとき，

$$a < b$$

と書く．

**例 3.2** (1) 2 は 4 を割り切る．つまり，

$$2 \mid 4.$$

よって，割り切るという半順序関係において，

$$2 < 4.$$

(2) $a = \{1, 2\}$, $b = \{1, 2, 3\}$ とすると，

$$a \subset b.$$

よって，集合の包含関係に関する半順序関係において，

$$a < b.$$

□

- 半順序関係を有する集合 $A$ を，**半順序集合**，または**順序集合**という．
- 半順序集合 $A$ の 2 つの要素 $a, b$ に対し，$a \leq b$ または $b \leq a$ が成り立つとき，$a$ と $b$ は**比較可能**である，という．
- 半順序集合 $A$ の任意の 2 つの要素 $a, b$ が比較可能であるとき，$A$ は**全順序集合**，または**線形順序集合**といわれる．
- $A$ の部分集合 $B$ が全順序集合のとき，$B$ は**鎖**《さ》(chain) と呼ばれる．
- そうでないとき，$B$ は**反**《はん》**鎖**《さ》(antichain) と呼ばれる．

**例 3.3**
- 大小関係 $\leq$ の半順序関係において，正整数の集合 $\mathbb{N}$ は全順序集合である．
- $3 \nmid 5$, $5 \nmid 3$ なので，割り切るという半順序関係において，3, 5 は比較不可能である．
- よって，割り切るという半順序関係において，正整数の集合 $\mathbb{N}$ は全順序集合ではない．
- $\mathbb{N}$ の部分集合 $B = \{2, 4, 8, 16\}$ は，割り切るという半順序関係において，全順序集合である．したがって，$B$ は鎖である．
- 素数の集合は，割り切るという半順序関係において，反鎖である． □

## 3.2 極大，極小

$\leq$ を集合 $A$ 上の半順序関係とする．$a < b$ で $a < x < b$ となる $x \in A$ が存在しないとき，

$$a \to b$$

と書く．

$A$ を**有限半順序集合**とする．このとき，$A$ の要素を節点とし，$a \to b$ なら $a$ から $b$ への枝を書くことにしよう．このようにして得られた**有向グラフ**を，半順序集合 $A$ の**ハッセ図**という．

**例 3.4**
- $A = \{1, 2, 3, 4, 6, 8, 9, 12, 18, 24\}$ において，割り切るという半順序関係を考える．すると，そのハッセ図は図 3.1 となる．
- $A = \{1, 2, 3, 6, 12\}$ において，割り切るという半順序関係を考える．すると，そのハッセ図は図 3.2 となる． □

図 3.1 において，24 および 18 を**極大元**，1 を**極小元**と呼ぶ．同様に，図 3.2 において，12 を極大元，1 を極小元と呼ぶ．ここで，**極大**，**極小**は，以下のように定義される．

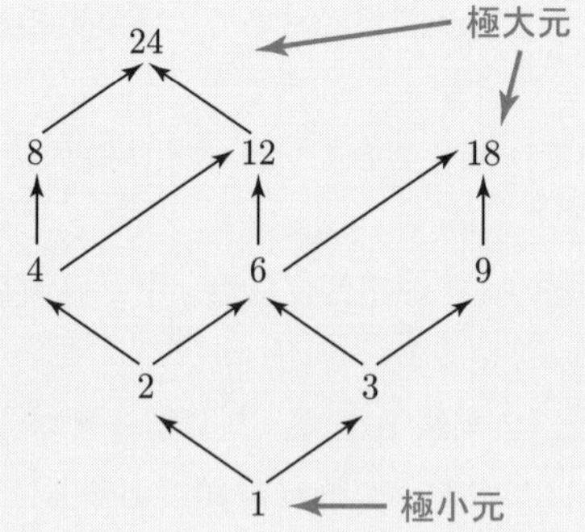


**図 3.1** 割り切る，という半順序関係のハッセ図 (1)

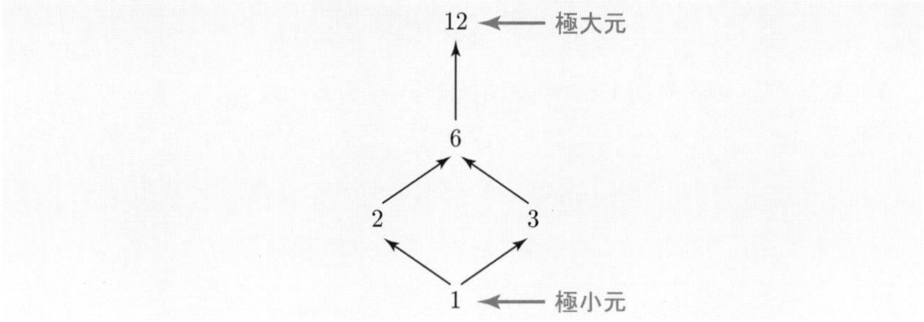


**図 3.2** 割り切る，という半順序関係のハッセ図 (2)

**定義 3.1**

任意の $x \in A$ に対し

(1) $a \leq x$ なら $a = x$ のとき，$a$ は極大である，という．

(2) $x \leq b$ なら $x = b$ のとき，$b$ は極小である，という．

図 3.1 からわかるように，極大元，極小元は複数個，存在しうる．

**例 3.5** 集合 $\{a, b, c\}$ の全ての部分集合について，包含関係に関する半順序関係を考える．すると，そのハッセ図は図 3.3 となる．

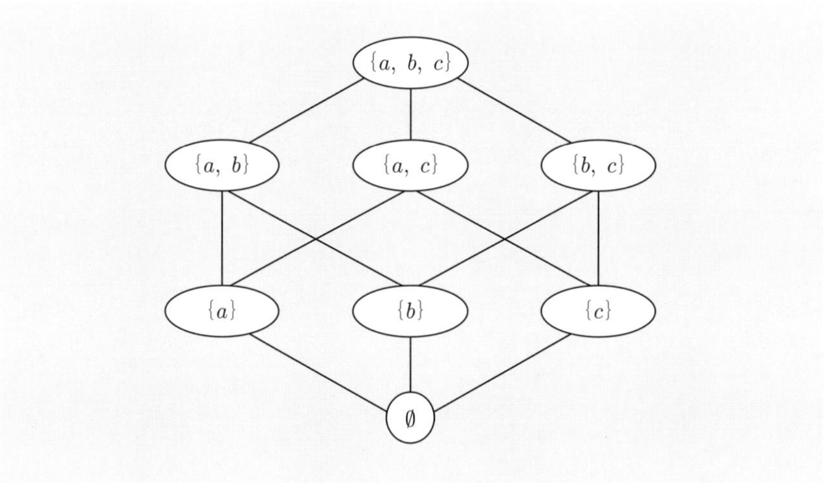


**図 3.3** 包含関係という半順序関係のハッセ図

□

# 3 章 の 問 題

□ **1** 集合の包含関係に関する半順序関係について考える．

(1)

$$a = \{1, 2\}, \quad b = \{1, 2, 3\}, \quad c = \{2, 3\}$$

とするとき，比較可能な組を全て求め，その半順序関係を示せ．

(2)

$$a = \{1, 2\}, \quad b = \{1, 2, 3\}, \quad c = \{1, 2, 3, 4\}$$

は全順序集合である．なぜか．

# 第4章

# 背理法，帰納法および再帰

$\sqrt{2}$ が無理数であることを証明するには，どうしたらよいであろうか．このように，一見途方にくれてしまいそうな問題も，背理法を利用すると簡単に証明できる．また，数学的帰納法を利用すると，(可算）無限集合に対し成り立つ命題を，有限の長さで，かつ，簡潔に証明できる．さらに，再帰的な考え方を利用すると，一見，複雑にみえる（可算）無限集合上の関数を簡潔に定義できたり，何らかの条件を満たす（可算）無限集合を簡潔に表現できたりする．本章では，これらの技法について説明する．


4.1　背理法
4.2　数学的帰納法
4.3　ペアノの公理系
4.4　再帰的定義

## 4.1 背 理 法

ある命題 $P$ を証明するテクニックの 1 つとして**背理法**がある．この方法では，$P$ が正しくないと仮定し，矛盾が生じることを導く．いくつかの命題を例にとって見てみよう．

**命題 4.1**

正数 $x, y$ に対し $xy > 25$ であれば，$x > 5$ または $y > 5$ である．

**[証明]**　$x \leq 5$ かつ $y \leq 5$ であると仮定する．すると，明らかに $xy \leq 25$．しかし，これは $xy > 25$ に矛盾する．よって，$x > 5$ または $y > 5$ である．■

**命題 4.2**

素数は無限に存在する．

**[証明]**　素数は有限個しかないと仮定しよう．簡単のため，素数は 1000 個しかないと仮定し，それらを

$$p_1 = 2, \quad p_2 = 3, \quad p_3 = 5, \quad \cdots, \quad p_{1000} = 7919$$

としよう．ここで，

$$Q = p_1 p_2 \cdots p_{1000} + 1$$

という整数 $Q$ を考える．$Q$ は素数ではないから，$p_1, \cdots, p_{1000}$ のいずれかで割り切れるはずである．ところが，$Q$ はどの素数 $p_k$ で割っても 1 余る．すなわち，$Q$ はどの素数でも割り切れない．これは矛盾である．よって，素数は無限に存在する．■

**命題 4.3**

$\sqrt{2}$ は無理数である．

**[証明]**　$\sqrt{2}$ が有理数であると仮定し，これを

$$\sqrt{2} = \frac{n}{m}$$

とおく．ただし，$m$ と $n$ は互いに素である．両辺を 2 乗すると

$$2 = \frac{n^2}{m^2}$$

$$2m^2 = n^2$$

これより，$n$ は 2 の倍数である．

したがって，$n = 2k$ と書ける．すると，

$$2m^2 = 4k^2$$
$$m^2 = 2k^2$$

これより，$m$ は 2 の倍数である．

しかし，これは $m$ と $n$ は互いに素であるという仮定に反する．よって，$\sqrt{2}$ は無理数である．■

**コラム**

素数が無限に存在することを証明したのは，紀元前 3 世紀頃のユークリッドである．100 以下の素数を小さい順に列挙すると，以下のようになる．

2, 3, 5, 7, 11,
13, 17, 19, 23, 29,
31, 37, 41, 43, 47,
53, 59, 61, 67, 71,
73, 79, 83, 89, 97

ユークリッドは，また,『原論』を著している．プトレマイオス 1 世がユークリッドに,「幾何学を学ぶのに『原論』よりも近道はないか？」と聞いたところ，彼は「学問に王道なし」と答えた，とのことである．

なお，プトレマイオス 1 世はアレクサンダー大王の部下で，大王の死後，エジプトの王となり，プトレマイオス王朝をひらいた．かのクレオパトラは，プトレマイオス王朝最後の女王である．クレオパトラは，シーザーが暗殺された後，ローマのオクタビアヌスに破れた．オクタビアヌスは，シーザーの遺言の中で後継者に指名されており，後にローマ帝国の初代皇帝となった．

## 4.2　数学的帰納法

阿部君はラブレターを出したことがある．しかし，返事をもらったことは一度もない．したがって，阿部君はデートをしたことがない．これを 3 段論法という．

**数学的帰納法**は，3 段論法を発展させたものである．証明すべき命題が $P(1), P(2), P(3), \cdots$ と（可算）無限個あるとしよう．このとき，以下のような論法でこれを証明する．

**初期段階**　$P(1)$ が正しいことを証明する．
**帰納段階**　$P(k)$ が正しいなら $P(k+1)$ も正しいことを証明する．
以上より，全ての自然数 $n$ に対して $P(n)$ は正しいと結論できる．

なぜ，これでいいのであろうか．初期段階，帰納段階，ともに証明できたとしよう（図 4.1）．

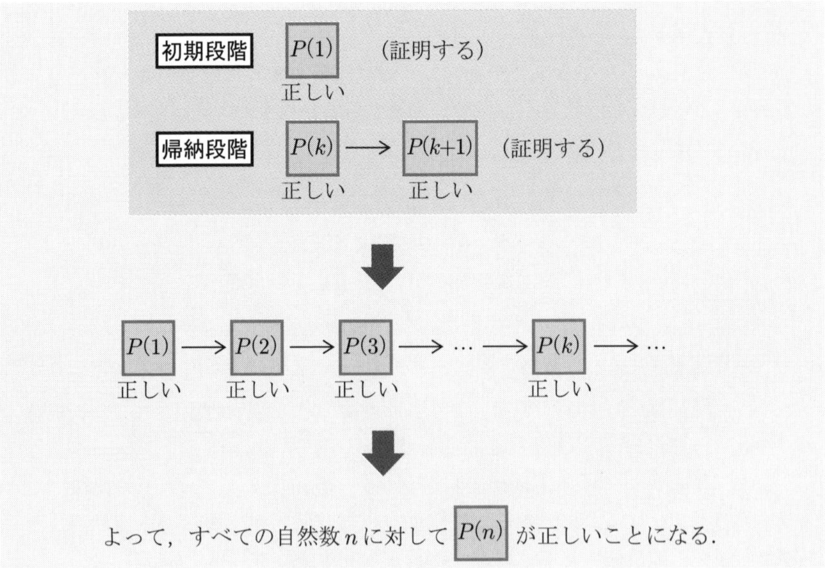


図 4.1　数学的帰納法

(1)　まず，初期段階を証明できたので，$P(1)$ は正しいことになる．

(2)　すると，帰納段階より，$P(1)$ が正しいので $P(2)$ も正しいことになる．

(3)　同様に帰納段階より，$P(2)$ が正しいので $P(3)$ も正しいことになる．

(4)　$\cdots$

以上より，全ての自然数 $n$ に対して $P(n)$ は正しいことになる．

いくつかの命題を例にとって見てみよう．

**命題 4.4**

$$1 + 2 + \cdots + n = \frac{n(n+1)}{2} \tag{4.1}$$

**[証明]**　**〔初期段階〕**　$n = 1$ のとき，

$$右辺 = \frac{1 \times (1+1)}{2} = 1.$$

よって，式 (4.1) は成り立つ．

**〔帰納段階〕**　$n = k$ のとき式 (4.1) が成り立つと仮定すると，

$$1 + 2 + \cdots + k = \frac{k(k+1)}{2}$$

すると，$n = k + 1$ のとき，

$$\begin{aligned} 1 + 2 + \cdots + k + (k+1) &= \frac{k(k+1)}{2} + (k+1) \\ &= (k+1)\left(\frac{k}{2} + 1\right) \\ &= (k+1)\frac{k+2}{2} \\ &= \frac{(k+1)(k+2)}{2} \end{aligned}$$

よって，$n = k + 1$ に対し式 (4.1) が成り立つ．

以上より，全ての自然数 $n$ に対して式 (4.1) が成り立つ．■

以下の公式も成り立つ．証明は，読者の練習問題としよう．

(1)　$1 + 3 + 5 + \cdots + (2n-1) = n^2$

(2)　$\dfrac{1}{1 \times 2} + \dfrac{1}{2 \times 3} + \dfrac{1}{3 \times 4} + \cdots + \dfrac{1}{n(n+1)} = \dfrac{1}{n+1}$

**命題 4.5**

$$2^n > 2n - 1 \tag{4.2}$$

**［証明］** **〔初期段階〕** $n = 1$ のとき，

$$左辺 = 2^1 = 2.$$
$$右辺 = 2 \times 1 - 1 = 1.$$

よって，式 (4.2) は成り立つ．

**〔帰納段階〕** $n = k$ のとき式 (4.2) が成り立つと仮定すると，

$$2^k > 2k - 1.$$

両辺に 2 を足すと，

$$2^k + 2 > (2k - 1) + 2 = 2(k + 1) - 1.$$

一方，$k \geq 1$ のとき，

$$\begin{aligned} 2^{k+1} &= 2 \times 2^k \\ &= 2^k + 2^k \geq 2^k + 2. \end{aligned}$$

よって，

$$2^{k+1} \geq 2^k + 2 > 2(k + 1) - 1$$

したがって，$n = k + 1$ に対し式 (4.2) が成り立つ．

以上より，全ての自然数 $n$ に対して式 (4.2) が成り立つ． ■

数学的帰納法は，以下のような形式で用いてもよい．

**初期段階** $P(1)$ が正しいことを証明する．
**帰納段階** $P(1), \cdots, P(k)$ が正しいなら $P(k+1)$ も正しいことを証明する．

**命題 4.6**

任意の自然数 $n \geq 2$ は，素数の積として表せる．

**［証明］** **〔初期段階〕** $n = 2$ のとき，2 は素数であるから命題は成り立つ．

**〔帰納段階〕** $2 \leq n \leq k$ に対し命題が成り立つと仮定し，$n = k + 1$ に対し命題が成り立つことを示そう．まず $k + 1$ が素数のとき，明らかに命題は成り立つ．次に

そうでないとき，$k+1$ は合成数なので，

$$k+1=a\times b$$

と書ける．このとき，帰納法の仮定より，$a,b$ は素数の積として表せる．したがって，$k+1$ も素数の積として表せる．

以上より，全ての自然数 $n\geq 2$ に対して命題が成り立つ．■

2つの自然数 $n$ と $m$ を含んだ命題 $P(n,m)$ を証明するには，以下のような **2重帰納法**を用いればよい（図 4.2）．

**初期段階**　全ての $m$ について，$P(1,m)$ が正しいことを証明する．

**帰納段階**　全ての $m$ について，$P(k,m)$ が正しいなら $P(k+1,m)$ も正しいことを証明する．

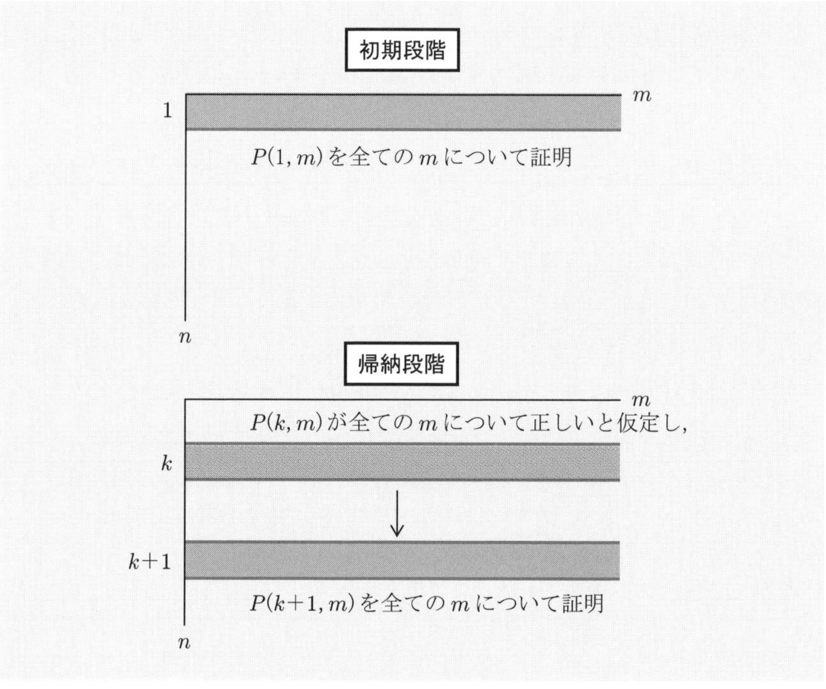


図 4.2　2重帰納法

## 4.3　ペアノの公理系

自然数を，自然数を使わずに定義するにはどうしたらよいであろうか．ペアノはこのような問題を考え，自然数を以下のように定義した．この自然数の定義は，**ペアノの公理系**と呼ばれている．

**定義 4.1**

以下のような性質を満たす集合 $\mathbb{N}$ を考える．

**P1**　$1 \in \mathbb{N}$.

**P2**　次の性質を満たす写像 $\sigma : \mathbb{N} \to \mathbb{N}$ が存在する（具体的には，$\sigma(n) = n + 1$ と考えればよい）．

**P2-(1)**　$\sigma(n) = 1$ となる $n \in \mathbb{N}$ は存在しない．(全ての $n \in \mathbb{N}$ に対し，$\sigma(n) \neq 1$.)

**P2-(2)**　$m \neq n$ ならば，$\sigma(m) \neq \sigma(n)$.

**P2-(3)**　(i) $1 \in S$ かつ (ii) $n \in S$ なら $\sigma(n) \in S$，という2つの性質を満たす任意の部分集合 $S \subseteq \mathbb{N}$ に対し，$S = \mathbb{N}$ が成り立つ．($S \subseteq \mathbb{N}$ が (i)(ii) を満たせば，$S = \mathbb{N}$.)

このとき，$\mathbb{N}$ を自然数の集合といい，$\mathbb{N}$ の要素を自然数という．

この公理体系は，「数える」という行為をそのまま定式化したものであり，我々の自然数に対する直観的な理解と一致する．さらに，数学基礎論という分野においては，この公理系に矛盾が起こらないこと，および同型なものは1つしかないことが示されている．

数学的帰納法が成り立つのは，ペアノの公理の **P2-(3)** のおかげである．

**コラム**

自然数を表すのに，ローマ数字や漢数字など，世界各地で独自の記数法が開発されてきた．古代バビロニア人はバビロニアの記数法と呼ばれる方法を開発した．古代エジプト人は，ヒエログリフというものを割り当てる記数法を用いた．数としての零という概念は，インドで生まれた．

**コラム**

ペアノの公理系は，19世紀から20世紀にかけて活躍したイタリアの数学者でトリノ大学教授のジュゼッペ・ペアノ（Giuseppe Peano）によって考案された．

## 4.4 再帰的定義

階乗関数 $f(n) = n!$ は，通常，以下のように定義される．

$$n! = 1 \times 2 \times \cdots \times n.$$

しかし，この定義だと“$\times \cdots \times$”の部分が明確ではない．そこで，以下のように定義してみよう．

**初期ステップ** $f(1) = 1$.
**再帰ステップ** $n \geq 2$ のとき，$f(n) = n \times f(n-1)$.

この定義だと，“$\cdots$”がなく明確になる．ここで，$f(n)$ を定義するのに $f(n-1)$ を呼び出していることに注意しよう．このように自分自身を呼び出す式を**再帰式**，自分自身を呼び出す定義の仕方を**再帰的定義**という．

この定義を使って

$$f(3) = 3!$$

の値を計算してみると，以下のようになる．

$$\begin{aligned} f(3) &= 3 \times f(2) \\ &= 3 \times 2 \times f(1) \\ &= 3 \times 2 \times 1 \\ &= 6. \end{aligned}$$

漸化式も再帰式である．たとえば，

$$a_1 = 3, \quad a_{n+1} = a_n + 2$$

という漸化式によって，

$$a_n = 3 + 2(n-1)$$

となる数列 $\{a_n\}$ が定まる．

また，$2^n$ を再帰的に定義すると以下のようになる．

**〔初期ステップ〕** $f(0) = 1$.
**〔再帰ステップ〕** $n \geq 1$ のとき，$f(n) = 2 \times f(n-1)$.

自然数の集合 $\mathbb{N}$ は，(ペアノの公理に基づき) 以下のように再帰的に定義することができる．

**〔初期ステップ〕** $1 \in \mathbb{N}$.

**〔再帰ステップ〕** $n \in \mathbb{N}$ のとき，$n+1 \in \mathbb{N}$.

上記のプロセスで得られるものだけを $\mathbb{N}$ と定義する．すると，実際，

(1) $1 \in \mathbb{N}$ なので $2 \in \mathbb{N}$,

(2) $2 \in \mathbb{N}$ なので $3 \in \mathbb{N}$,

(3) $\cdots$

となり，

$$\mathbb{N} = \{1, 2, 3, \cdots\}$$

となるのがわかるであろう．

同様に，偶数の集合 $\boldsymbol{E}$ は以下のように再帰的に定義される．

**〔初期ステップ〕** $0 \in \boldsymbol{E}$.

**〔再帰ステップ〕** $n \in \boldsymbol{E}$ のとき，$n+2 \in \boldsymbol{E}$.

実際ためしてみると，

(1) $0 \in \boldsymbol{E}$ なので $2 \in \boldsymbol{E}$,

(2) $2 \in \boldsymbol{E}$ なので $4 \in \boldsymbol{E}$,

(3) $\cdots$

となり，

$$\boldsymbol{E} = \{0, 2, 4, \cdots\}$$

となることがわかる．

**フィボナッチ数列** $F(n)$ は，次のように再帰的に定義される．

**〔初期ステップ〕** $F(1) = 1$, $F(2) = 1$.

**〔再帰ステップ〕** $n > 2$ のとき $F(n) = F(n-1) + F(n-2)$.

$n = 3, 4, 5, 6$ とすると，$F(3) = 2$, $F(4) = 3$, $F(5) = 5$, $F(6) = 8$, $\cdots$ となる．フィボナッチ数は非常に急速に大きくなる数で，たとえば，$F(50) = 12586269025$ となる．

# 4 章の問題

□ **1**　$\sqrt{3}$ は無理数であることを証明せよ．

□ **2**　次式を数学的帰納法で証明せよ．ただし，$n$ は自然数．

(1)　$1^2 + 2^2 + \cdots + n^2 = \dfrac{n(n+1)(2n+1)}{6}$.

(2)　$x > -1$ のとき，$(1+x)^n \geq 1 + nx$.（**ベルヌーイの不等式**）

□ **3**　奇数の集合 $\boldsymbol{O}$ を，再帰的に定義せよ．

□ **4**　2 つの自然数 $m, n$ に対し，加法 $m + n$ を再帰的に定義せよ．ただし，ペアノの公理で用いた写像 $\sigma : \mathbb{N} \to \mathbb{N}$ を利用せよ．

□ **5**　$a$ さん，および $a$ さんの先祖の集合 $A$ を再帰的に定義せよ．

□ **6**　以下のような再帰的定義によって，どんな関数が定義されるか．

**〔初期ステップ〕**　$f(0) = f(1) = 0$.

**〔再帰ステップ〕**　$n \geq 2$ に対し，$f(n) = f(n-1) + f(n-2)$.

# 第5章

# 命題論理と述語論理

風が吹けば桶屋がもうかる，といった3段論法を抽象化，高度化した数学の一分野が論理学である．論理学は，数学的議論を積み重ねる上でとても重要である．たとえば定理の証明を試みる場合，論理学から自動的に導かれる部分が非常に多い．したがって，論理学を熟知していると，難しい証明も簡単にできるようになる場合が多々ある．また，論理的な思考を深める際に非常に有用である．本章では，命題論理と述語論理を解説する．


5.1　命題論理
5.2　真理値表
5.3　トートロジー
5.4　論理積標準形と論理和標準形
5.5　双対定理
5.6　完全な結合子集合
5.7　述語論理
5.8　ド・モルガンの法則の一般化

## 5.1 命題論理

**命題論理**では，以下の記号を使用する．

(1) **命題記号**：$p_1$，$p_2$，$\cdots$.

(2) **結合子**：$\neg$，$\wedge$，$\vee$，$\rightarrow$，$\leftrightarrow$，$\perp$.

(3) **補助記号**：(, ).

ここで，命題記号は，たとえば以下のようなものを表しており，**真**か**偽**かの値をとる．

- $p_1$ = 阿部君は美咲さんを好きだ．
- $p_2$ = 美咲さんは阿部君を嫌いだ．

**定義 5.1**

命題記号 $p_1, p_2, \cdots$ および **矛盾** $\perp$ を**原子元**（**atom**）と呼ぶ．

また，結合子は，以下のような意味を表す．

**表 5.1**

| 結合子 | 意味 |
|---|---|
| $\neg p_1$ | $p_1$ の否定 |
| $p_1 \wedge p_2$ | $p_1$ かつ $p_2$ |
| $p_1 \vee p_2$ | $p_1$ または $p_2$ |
| $p_1 \rightarrow p_2$ | $p_1$ ならば $p_2$ |
| $p_1 \leftrightarrow p_2$ | $p_1$ と $p_2$ は同値 |
| $\perp$ | 矛盾 |

次に，命題の集合 $PROP$ を，以下のように再帰的に定義しよう．

**定義 5.2**

下記のプロセスで得られる最小の集合を $PROP$ と定義する．

**〔初期ステップ〕**　$p_i \in PROP, \perp \in PROP$.　ただし，$i$ は自然数．

**〔再帰ステップ 1〕**　$\varphi, \psi \in PROP$ なら，$(\varphi * \psi) \in PROP$ .

ただし，$*$ は，$\wedge, \vee, \rightarrow, \leftrightarrow$ を表す．

**〔再帰ステップ 2〕**　$\varphi \in PROP$ なら，$(\neg\varphi) \in PROP$.

実際，ためしてみると，

(1) $p_1, p_2 \in PROP$ なので $(p_1 \wedge p_2) \in PROP$,

(2) $(p_1 \wedge p_2) \in PROP$ なので $\neg(p_1 \wedge p_2) \in PROP$,

(3) $\cdots$

となることがわかる．

**定義 5.3**

$\varphi \in PROP$ なる $\varphi$ を**命題**と呼ぶ．

したがって，

$$p_1, \quad p_2, \quad (p_1 \wedge p_2), \quad \neg(p_1 \wedge p_2)$$

などは命題である．しかし，

$$\neg\neg\bot, \quad ((\rightarrow$$

などは命題ではない．以下，誤解がない範囲でかっこを省略する．

$\neg\neg\bot$ が命題でないことを，まじめに証明してみよう．

$\neg\neg\bot \in X$ かつ $X$ は定義 5.2 の 3 つの条件を満たす，と仮定する．このとき，$Y = X - \{\neg\neg\bot\}$ も 3 つの条件を満たすことを示す．

(1) $X$ は定義 1.2 を満たすので，$p_i \in X$, $\bot \in X$ で，$p_i \neq \neg\neg\bot$, $\bot \neq \neg\neg\bot$. よって，$p_i \in Y$, $\bot \in Y$.

(2) $\varphi, \psi \in Y$ なら，$(\varphi * \psi) \in Y$ を示す．$\varphi, \psi \in Y$ なので，$\varphi, \psi \in X$. $X$ は条件 (2) を満たすので，$(\varphi * \psi) \in X$. 一方，$(\varphi * \psi) \neq \neg\neg\bot$（$\neg\neg\bot$ は，かっこを含まない）．よって，$(\varphi * \psi) \in X - \{\neg\neg\bot\} = Y$. したがって，$Y$ は条件 (2) を満たす．

(3) $\varphi \in Y$ なら，$(\neg\varphi) \in Y$ を示す．$\varphi \in Y$ なので，$\varphi \in X$. $X$ は条件 (3) を満たすので，$(\neg\varphi) \in X$. 一方，$(\neg\varphi) \neq \neg\neg\bot$（$\neg\neg\bot$ は，かっこを含まない）．よって，$(\neg\varphi) \in X - \{\neg\neg\bot\} = Y$. したがって，$Y$ は条件 (3) を満たす．

よって，$PROP \subseteq Y - \{\neg\neg\bot\}$. ゆえに，$\neg\neg\bot \notin PROP$.

## 5.2 真 理 値 表

結合子に関して，たとえば以下のようなルールで真か偽かが決まる．

- $p_1$ が真なら $\neg p_1$ は偽である．
- $p_1$ が真，かつ $p_2$ も真なら，$p_1 \wedge p_2$ は真である．
- $p_1$ が真，かつ $p_2$ が偽なら，$p_1 \wedge p_2$ は偽である．

真を 1 で，偽を 0 で表すことにしよう．すると，結合子に関する真偽のルールは，以下のような**真理値表**で表すことができる．

表 5.2

| | $p_1$ | $p_2$ | $p_1 \wedge p_2$ | $p_1 \vee p_2$ | $p_1 \to p_2$ | $p_1 \leftrightarrow p_2$ | $\neg p_1$ | $\neg p_2$ | $p_1 \to p_1$ |
|---|---|---|---|---|---|---|---|---|---|
| $v_1$ | 0 | 0 | 0 | 0 | 1 | 1 | 1 | 1 | 1 |
| $v_2$ | 0 | 1 | 0 | 1 | 1 | 0 | 1 | 0 | 1 |
| $v_3$ | 1 | 0 | 0 | 1 | 0 | 0 | 0 | 1 | 1 |
| $v_4$ | 1 | 1 | 1 | 1 | 1 | 1 | 0 | 0 | 1 |

ここで，**付値**（valuation）を以下のように定義しよう．

**定義 5.4**

写像 $v : PROP \to \{0,1\}$ は，以下の条件を満たすとき，付値と呼ばれる．

$$v(\varphi \wedge \psi) = \min(v(\varphi), v(\psi))$$

$$v(\varphi \vee \psi) = \max(v(\varphi), v(\psi))$$

$$v(\varphi \to \psi) = 0 \leftrightarrow v(\varphi) = 1 \text{ and } v(\psi) = 0$$

$$v(\varphi \leftrightarrow \psi) = 1 \leftrightarrow v(\varphi) = v(\psi)$$

$$v(\neg\varphi) = 1 - v(\varphi)$$

$$v(\bot) = 0$$

定義 5.4 より，原子元（$\bot, p_1, p_2, \cdots$）に対する付値 $v$ の値（0 か 1）から，全ての命題に対する $v$ の値（0 か 1）が確定することになる．

## 5.3　トートロジー

常に真となる命題を**トートロジー**（**恒真**）という．

**定義 5.5**

全ての付値 $v$ に対し $v(\varphi) = 1$ となる $\varphi$ をトートロジーという．

たとえば，以下の命題はトートロジーである．

$$\varphi \to \varphi,$$
$$\neg\neg\varphi \to \varphi,$$
$$\varphi \vee \psi \leftrightarrow \psi \vee \varphi.$$

実際，真理値表を書いてみると以下のようになり，全ての付値 $v$ に対し確かに1となっていることがわかる．

**表 5.3**

| | $\varphi$ | $\varphi \to \varphi$ |
|---|---|---|
| $v_1$ | 0 | 1 |
| $v_2$ | 1 | 1 |

**表 5.4**

| | $\varphi$ | $\neg\varphi$ | $\neg\neg\varphi$ | $\neg\neg\varphi \to \varphi$ |
|---|---|---|---|---|
| $v_1$ | 0 | 1 | 0 | 1 |
| $v_2$ | 1 | 0 | 1 | 1 |

**表 5.5**

| | $\varphi$ | $\psi$ | $\varphi \vee \psi$ | $\psi \vee \varphi$ | $\varphi \vee \psi \leftrightarrow \psi \vee \varphi$ |
|---|---|---|---|---|---|
| $v_1$ | 0 | 0 | 0 | 0 | 1 |
| $v_2$ | 0 | 1 | 1 | 1 | 1 |
| $v_3$ | 1 | 0 | 1 | 1 | 1 |
| $v_4$ | 1 | 1 | 1 | 1 | 1 |

さらに，以下の定理が成り立つ．

**定理 5.1**

以下の命題は，トートロジーである．

**[分配則]**

$$\varphi \vee (\psi \wedge \sigma) \leftrightarrow (\varphi \vee \psi) \wedge (\varphi \vee \sigma)$$

$$\varphi \wedge (\psi \vee \sigma) \leftrightarrow (\varphi \wedge \psi) \vee (\varphi \wedge \sigma)$$

**[ド・モルガンの法則]**

$$\neg(\varphi \vee \psi) \leftrightarrow \neg\varphi \wedge \neg\psi$$

$$\neg(\varphi \wedge \psi) \leftrightarrow \neg\varphi \vee \neg\psi$$

**[2 重否定]**

$$\neg\neg\varphi \leftrightarrow \varphi$$

ここで，$\varphi \leftrightarrow \psi$ がトートロジーのとき，$\varphi \Longleftrightarrow \psi$ と書くことにしよう．すると，$\Longleftrightarrow$ は以下の 3 条件を満たす．

(1)　$\varphi \Longleftrightarrow \varphi$.　(反射律)

(2)　$\varphi \Longleftrightarrow \psi$ なら $\psi \Longleftrightarrow \varphi$.　(対称律)

(3)　$\varphi \Longleftrightarrow \psi$ かつ $\psi \Longleftrightarrow \sigma$ なら $\varphi \Longleftrightarrow \sigma$.　(推移律)

このように，反射律，対称律，推移律を満たす 2 項関係を同値関係というのであった．したがって，$\Longleftrightarrow$ は**同値関係**である．

以下の命題もトートロジーである．

$$\varphi \vee \psi \quad \leftrightarrow \quad \neg(\neg\varphi \wedge \neg\psi)$$

$$\varphi \wedge \psi \quad \leftrightarrow \quad \neg(\neg\varphi \vee \neg\psi)$$

よって，以下のように書くことができる．

$$\varphi \vee \psi \quad \Longleftrightarrow \quad \neg(\neg\varphi \wedge \neg\psi)$$

$$\varphi \wedge \psi \quad \Longleftrightarrow \quad \neg(\neg\varphi \vee \neg\psi)$$

## 5.4　論理積標準形と論理和標準形

**定義 5.6**

$\varphi_{i,j}$ を原子元または原子元の否定とする．このとき，

$$\varphi = (\varphi_{1,1} \vee \varphi_{1,2}, \cdots) \wedge (\varphi_{2,1} \vee \varphi_{2,2}, \cdots) \wedge \cdots$$

を**論理積標準形**，

$$\varphi = (\varphi_{1,1} \wedge \varphi_{1,2}, \cdots) \vee (\varphi_{2,1} \wedge \varphi_{2,2}, \cdots) \vee \cdots$$

を**論理和標準形**と呼ぶ．

たとえば，

$$\varphi = (p_1 \vee \neg p_2 \vee p_3) \wedge (p_3 \vee p_4 \vee \neg p_5)$$

は論理積標準形である．

$$\varphi = (p_1 \wedge \neg p_2 \wedge p_3) \vee (p_3 \wedge p_4 \wedge \neg p_5)$$

は論理和標準形である．任意の命題は，論理積標準形で表現できることが知られている．また，論理和標準形で表現することもできる．

**定理 5.2**

任意の命題 $\varphi$ に対し，論理積標準形 $\varphi_{積}$ および論理和標準形 $\varphi_{和}$ が存在し，

$$\varphi \Longleftrightarrow \varphi_{積}$$

$$\varphi \Longleftrightarrow \varphi_{和}$$

が成り立つ．

$\neg(p_1 \vee p_2)$ を論理積標準形で表すと

$$\neg p_1 \wedge \neg p_2$$

となる．また，$(p_1 \wedge p_2) \vee p_3$ を論理積標準形で表すと，

$$(p_1 \vee p_3) \wedge (p_2 \vee p_3)$$

となる．

## 5.5 双 対 定 理

以下のようなトートロジーが成り立つ．

$$\varphi \vee (\psi \wedge \sigma) \Longleftrightarrow (\varphi \vee \psi) \wedge (\varphi \vee \sigma) \tag{5.1}$$

$$\varphi \wedge (\psi \vee \sigma) \Longleftrightarrow (\varphi \wedge \psi) \vee (\varphi \wedge \sigma) \tag{5.2}$$

$$\neg(\varphi \vee \psi) \Longleftrightarrow \neg\varphi \wedge \neg\psi \tag{5.3}$$

$$\neg(\varphi \wedge \psi) \Longleftrightarrow \neg\varphi \vee \neg\psi \tag{5.4}$$

このとき，

- 式 (5.1) と式 (5.2) は，**双対**の関係にある
- 式 (5.3) と式 (5.4) は，双対の関係にある

という．一般に，ある命題がトートロジーであれば，その双対な命題もトートロジーであることが知られている．すなわち，

- 式 (5.1) が成り立てば，式 (5.2) は自動的に成り立つ
- 式 (5.3) が成り立てば，式 (5.4) は自動的に成り立つ

というわけである．

まず，双対作用素 $^d$ を以下のように定義しよう．

**定義 5.7**

$PROP$から $PROP$への写像 $^d$ を以下のように定義する．

$$\varphi^d = \varphi \quad \text{if} \quad \varphi \text{ は原子元}$$

$$(\varphi \wedge \psi)^d = \varphi^d \vee \psi^d$$

$$(\varphi \vee \psi)^d = \varphi^d \wedge \psi^d$$

$$(\neg\varphi)^d = \neg\varphi^d$$

たとえば，

$$
\begin{aligned}
(p_1 \wedge p_2)^d &= p_1^d \vee p_2^d \\
&= p_1 \vee p_2 \\
(p_1 \wedge p_2)^{dd} &= (p_1 \vee p_2)^d \\
&= p_1^d \wedge p_2^d \\
&= p_1 \wedge p_2
\end{aligned}
$$

このとき，$\varphi \leftrightarrow \psi$ がトートロジーであれば，$\varphi^d \leftrightarrow \psi^d$ もトートロジーとなる．また，その逆も成り立つ．これを**双対定理**という．すなわち，以下の定理が成り立つ．

**定理 5.3**

$\varphi \Longleftrightarrow \psi$ と $\varphi^d \Longleftrightarrow \psi^d$ は等価．

**コラム**

双対の概念は，論理式以外の分野でもしばしば登場する．一般に，双対とは，ある種の裏返しの関係にあることを表している．たとえば，正 6 面体の頂点数は 8，面数は 6 である．一方，正 8 面体の頂点数は 6，面数は 8 である．そこで，図 5.1 のように，正 6 面体の面の中心を頂点にとり，これらを結んで得られる立体を作ってみよう．すると，正 8 面体が得られる．また，図 5.2 のように，正 8 面体の面の重心を頂点にとり，これらを結んで得られる立体を作ると，正 6 面体が得られる．両者には，このような双対な関係が存在する．

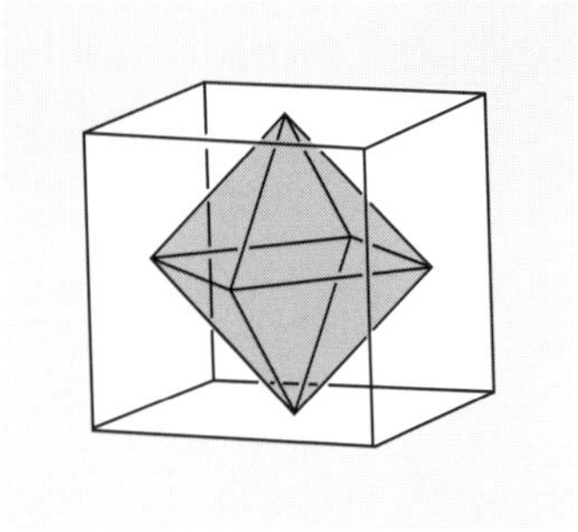

図 5.1

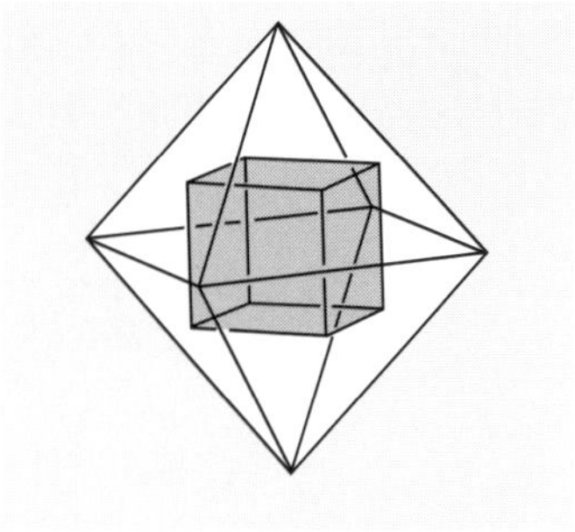

図 5.2

## 5.6　完全な結合子集合

シェファーの棒と呼ばれる結合子は，以下の真理値表によって定義される．

表 5.6

| $p_1$ | $p_2$ | $p_1 \mid p_2$ |
|---|---|---|
| 0 | 0 | 1 |
| 0 | 1 | 1 |
| 1 | 0 | 1 |
| 1 | 1 | 0 |

このように，新しい結合子を勝手に定義できる．しかし，どんな結合子 $\phi$ も，$\{\wedge, \neg\}$ のみで表せることが知られている．たとえば，シェファーの棒は $\{\wedge, \neg\}$ のみで以下のように表せる．

$$p_1 \mid p_2 \Longleftrightarrow \neg(p_1 \wedge p_2) \tag{5.5}$$

このようなとき，$\{\wedge, \neg\}$ は**完全**である，といわれる．同様に，$\{\vee, \neg\}$，$\{\rightarrow, \neg\}$，$\{\bot, \rightarrow\}$，は完全である．

$p_1 \mid p_2$ を $\{\rightarrow, \neg\}$ で表すと，

$$p_1 \rightarrow \neg p_2$$

となる．実際，この命題の真理値表は，以下のようになる．

表 5.7

| $p_1$ | $p_2$ | $\neg p_2$ | $p_1 \rightarrow \neg p_2$ |
|---|---|---|---|
| 0 | 0 | 1 | 1 |
| 0 | 1 | 0 | 1 |
| 1 | 0 | 1 | 1 |
| 1 | 1 | 0 | 0 |

これから，$p_1 \rightarrow \neg p_2$ の真理値表は $p_1 \mid p_2$ の真理値表と同じであることがわかる．よって，

$$p_1 \mid p_2 \Longleftrightarrow p_1 \rightarrow \neg p_2.$$

## 5.7 述語論理

**限定作要素**と呼ばれる記号 ∃ と ∀ を導入した論理を，**述語論理**という．これらの記号は，以下のような意味を表す．

- $\exists x P(x)$：ある $x$ の値に対し，性質 $P$ が成り立つ．
- $\forall x P(x)$：全ての $x$ の値に対し，性質 $P$ が成り立つ．

このように，∃, ∀ を含んだ式を**論理式**（formula）という．∃ と ∀ が入り混じった式を正しく理解するには，多少慣れが必要である．たとえば，

$$\forall x \exists y (x = 2y)$$

という式は，全ての $x$ の値に対し，(その $x$ に依存した）ある $y$ の値が存在し，$x = 2y$ が成り立つ，ということを意味している．これは，以下のようにいうこともできる．

(1) 勝手に $x$ の値を固定せよ．
(2) そのとき，うまい $y$ の値が存在し，$x = 2y$ が成り立つ．

以上が，全ての $x$ の値に対し成り立つ．

これが正しいかどうか，実際，確かめてみよう．

(1) $x = 1$ に対しては，$y = 0.5$ とすればよい．
(2) $x = 2$ に対しては，$y = 1$ とすればよい．
(3) $x = 3$ に対しては，$y = 1.5$ とすればよい．
(4) $\cdots$

よって，正しいことがわかる．

また，言い換えると，$\forall x P(x)$ は，$x = 1$ に対し $P$ が成り立ち，かつ，$x = 2$ に対し $P$ が成り立ち，かつ，$x = 3$ に対し $P$ が成り立ち，かつ，$\cdots$ ということを意味している．これから，∀ は，∧ の一般化となっていることがわかる．

$\forall x$ と ∃ の順番を入れ替えると

$$\exists y \forall x (x = 2y)$$

が得られる．この式は，あるうまい $y$ の値が存在し，全ての $x$ の値に対し $x = 2y$ が成り立つ，ということを意味している．しかし，これは正しくない．実際，

(1)　$y=0$ に対しては，$x=1$ とすると $x=2y$ は成り立たない．

(2)　$y=1$ に対しては，$x=1$ とすると $x=2y$ は成り立たない．

(3)　$y=2$ に対しては，$x=1$ とすると $x=2y$ は成り立たない．

(4)　$\cdots$

となり，正しくないことがわかる．このように，$\forall x$ と $\exists$ の順番は非常に重要であり，入れ替えると全く意味が変わってしまう．

また，言い換えると，$\exists y P(y)$ は，$y = 1$ に対し $P$ が成り立つか，または $y=2$ に対し $P$ が成り立つか，または $y=3$ に対し $P$ が成り立つか，または，$\cdots$ ということを意味している．これから，$\exists$ は，$\vee$ の一般化となっていることがわかる．

**例 5.1**　● 0.5 と 1.5 の間には，整数 1 が存在する．

- 1.8 と 2.8 の間には，整数 2 が存在する．
- 2.1 と 3.1 の間には，整数 3 が存在する．

このように，任意の実数 $x$ と $x+1$ の間には，必ず整数 $y$ が存在する．これを，$\forall, \exists$ を使って表現すると，以下のようになる．

$$\forall x \exists y (x \leq y < x+1 \text{ かつ } y \text{ は整数})$$ □

**例 5.2**　一方，

$$\exists y \forall x (x \leq y < x+1 \text{ かつ } y \text{ は整数})$$

が成り立つと仮定すると，以下のような整数 $y$ が存在することになってしまう．

$$0 \leq y < 0+1\ (=1)$$

$$2 \leq y < 2+1\ (=3)$$

しかし，明らかにこのような整数 $y$ は存在しない．この例からも，$\forall, \exists$ の順序が重要であることがわかる． □

## 5.8　ド・モルガンの法則の一般化

$\forall$ は $\wedge$ の一般化であり，$\exists$ は $\vee$ の一般化であることより，以下のような**ド・モルガンの法則**の一般化が成り立つ．

**定理 5.4**

以下の論理式が常に成り立つ．

(1)　$\neg(\forall x\varphi) \leftrightarrow \exists x(\neg\varphi)$.

(2)　$\neg(\exists x\varphi) \leftrightarrow \forall x(\neg\varphi)$.

(1) は,「全ての $x$ に対し $\varphi$ が成り立つ，の否定は，ある $x$ が存在し $\varphi$ が成り立たないことである．また，その逆も成り立つ.」ということを意味している．

(2) は,「ある $x$ に対し $\varphi$ が成り立つ，の否定は，全ての $x$ に対し $\varphi$ が成り立たないことである．また，その逆も成り立つ.」ということを意味している．

**例 5.3**　● 「I 大学の学生は，全員，天才である.」の否定は,

● 「I 大学の学生は，全員天才ではない.」ではない．

正しい否定は

● 「I 大学の学生は，全員，天才であるわけではない.」である．

これは，明らかに,

● 「I 大学の学生の中には，天才でないものが存在する.」と同値である．

この例から,

$$\neg(\forall x\varphi) \leftrightarrow \exists x(\neg\varphi)$$

が成り立つことが理解されよう．　□

**例 5.4**　● 「I 大学には，天才の学生が存在する.」の否定は,

● 「I 大学には，天才の学生が存在しない.」である．

これは明らかに,

● 「I 大学の学生は，全員，天才ではない.」と同値である．

この例から,

$$\neg(\exists x\varphi) \leftrightarrow \forall x(\neg\varphi)$$

が成り立つことが，理解されよう．　□

## 5 章の問題

□ **1** 真理値表を使って，2 重否定に関するトートロジー

$$\neg\neg\varphi \Longleftrightarrow \varphi$$

を証明せよ．

□ **2** 真理値表を使って，ド・モルガンの法則を証明せよ．

□ **3** 真理値表を使って，

$$(\varphi \to \psi) \leftrightarrow (\neg\varphi \vee \psi)$$

がトートロジーであることを証明せよ．

□ **4** $\neg(\varphi \leftrightarrow \psi)$ に対する論理和標準形を求めよ．

□ **5** $\neg(\varphi \leftrightarrow \psi)$ に対する論理積標準形を求めよ．

□ **6** シェファーの棒を $\{\vee, \neg\}$ のみで表せ．

□ **7** $x, y$ を人間とする．以下の論理式の意味を説明せよ．また，その論理式は常識的に真と見なせるか．

(1) $\forall x \exists y$($y$ は $x$ の母親である.)

(2) $\exists y \forall x$($y$ は $x$ の母親である.)

□ **8** 以下の論理式の意味を説明せよ．また，2 つの論理式が同値であることを確かめよ．

(1) $\neg\bigl(\forall x$($x$ さんは眼鏡をかけている.)$\bigr)$

(2) $\exists x\bigl(\neg$($x$ さんは眼鏡をかけている.)$\bigr)$

□ **9** 以下の論理式の意味を説明せよ．また，2 つの論理式が同値であることを確かめよ．

(1) $\neg\bigl(\exists x$($x$ さんは試験で 100 点をとった.)$\bigr)$

(2) $\forall x\bigl(\neg$($x$ さんは試験で 100 点をとった.)$\bigr)$

# 第6章

# グ　ラ　フ

一筆書きに端を発するグラフ理論は，電気回路網，通信網などの解析において非常に重要な役割を果たす．また，多くの情報システムのモデル化に利用することができる．このようにすることで，様々な現象の本質的な部分が明確になり，問題点をとらえやすくなる．本章では，まず，グラフについての基本的概念について説明し，次に，オイラーグラフ，およびハミルトン閉路について解説する．


6.1　グラフ理論とは

6.2　グラフ理論の用語

6.3　オイラー閉路

6.4　ハミルトン閉路

## 6.1 グラフ理論とは

ひょっこりひょうたん島の道路には，十字路とT字路しかない．(五差路などの交差点はない.) たとえば，図6.1のようになっている．このとき，ひょっこりひょうたん島の地図を見なくても，T字路は必ず偶数個存在する，ということがわかる．

なぜであろうか．いきなりそういわれても，途方にくれてしまうであろう．ここで**グラフ理論**の登場である．グラフ理論を使うと，このような問題をいとも簡単に解決できてしまう．

グラフ理論的に図6.1を書き表すと，図6.2のようになる．このような図を**グラフ**と呼ぶ．また，A, B, C, D, Eを**節点**，それらを結ぶ線を**枝**と呼ぶ．通常，節点の集合を$V$，枝の集合を$E$，グラフを$G = (V, E)$と書く．

応用によっては，2節点間に複数の枝（**並列枝**と呼ぶ）があるようなグラフを考えることもある．並列枝が有るようなグラフを**多重グラフ**，ないグラフを**単純グラフ**を呼ぶ．

節点A, B間に枝があるとき，A, Bは**隣接**している，という．また，BをA

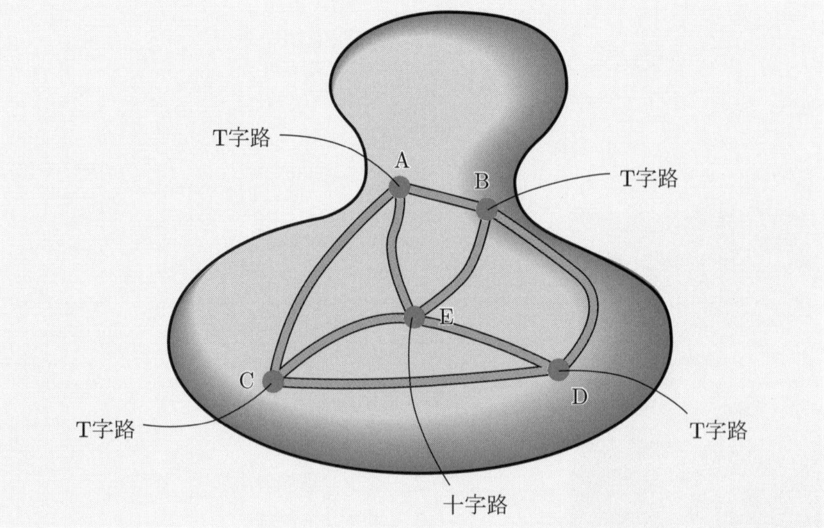


**図6.1** 十字路とT字路しかない道路

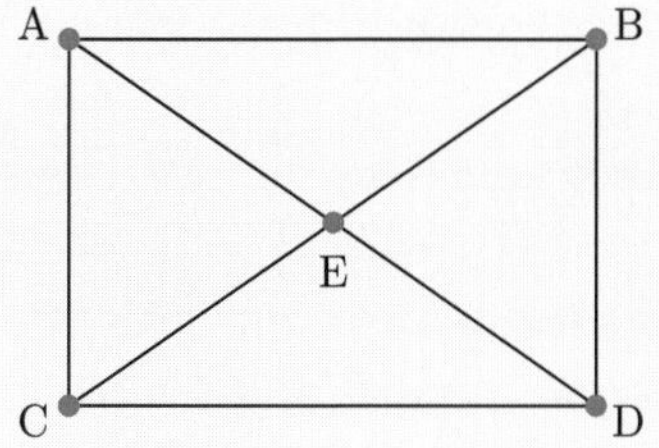


**図 6.2**　図 6.1 と等価なグラフ

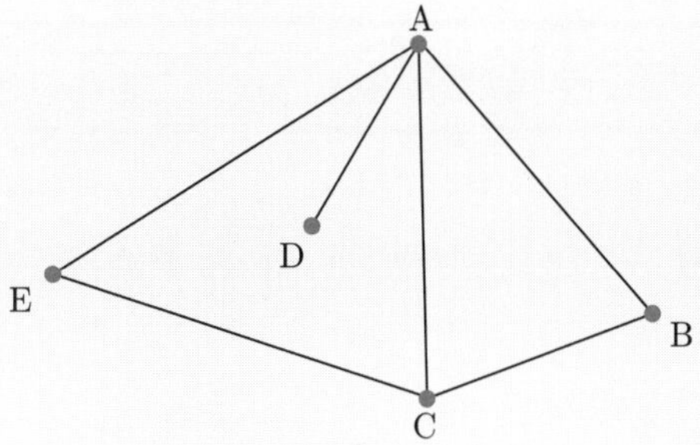


**図 6.3**　別なグラフ

の**隣接節点**と呼ぶ．

節点 A に接続している枝の本数を，節点 A の**次数**と呼ぶ．図 6.2 においては，節点 A の次数は 3，節点 B の次数は 3，節点 C の次数は 3，節点 D の次数は 3，節点 E の次数は 4 である．

図 6.3 に別なグラフを示す．このグラフにおいては，節点 A の次数は 4，節点 B の次数は 2，節点 C の次数は 3，節点 D の次数は 1，節点 E の次数は 2 である．

ここで，図 6.3 における各節点の次数の総和を求めてみると，

$$4 + 2 + 3 + 1 + 2 = 12$$

となり，枝の本数 6 の 2 倍になっている．一般に以下の定理が成り立つ．

**定理 6.1**

任意のグラフにおいて，各節点の次数の総和は，枝の総数の 2 倍に等しい．

**[証明]** 各節点に接続している枝の本数を数え，その総和を求めてみる．すると，各枝の両端に節点があるので各枝を 2 回カウントしていることになる．したがって，各節点の次数の総和は，枝の総数の 2 倍に等しい． ■

この定理から，各節点の次数を全て足すと偶数になる，ということがわかる．したがって，ただちに以下の系が成り立つ．

**系 6.1**

任意のグラフにおいて，次数が奇数の節点は，常に偶数個存在する．

**[証明]** 次数が奇数の節点が奇数個存在したと仮定しよう．すると，明らかに，次数の総和は奇数になる．しかし，これは定理 6.1 に反する． ■

さて，グラフ理論の用語を使うと，ひょっこりひょうたん島の問題は以下のように表現することができる．任意の節点の次数が 4，または 3 であるようなグラフにおいては，次数が 3 の節点は必ず偶数個存在する．

これが成り立つことは，系 6.1 から明らかであろう．このように，グラフ理論を利用すると，一見難しそうな問題を簡単に解くことができる．実際，通信ネットワーク，電気回路，LSI 設計など，工学およびコンピュータサイエンスの多くの分野において，グラフ理論は重要な役割を果たしている．

**例 6.1** 図 6.2 のグラフには，枝が 8 本ある．一方，節点 A, B, C, D, E の各次数の総和は

$$3 + 3 + 3 + 3 + 4 = 16$$

である．この場合も，確かに各次数の総和は枝数の 2 倍になっており，定理 6.1 が成り立っていることがわかる． □

## 6.2　グラフ理論の用語

全ての 2 節点間に枝がある単純グラフを，**完全グラフ**という．節点数が $n$ の完全グラフを $K_n$ で表す．例として，$K_2, K_3, K_4$ を図 6.4 に示す．

**定理 6.2**

$K_n$ は，$\binom{n}{2}$ 個の枝を有する．

グラフ $G=(V,E)$ から，$G$ と同じ節点集合 $V$ を有し，かつ元々枝がない 2 節点間に枝が有るようなグラフ $\overline{G}=(V,\overline{E})$ を考えることができる．このようなグラフ $\overline{G}$ を $G$ の**補グラフ**という．ただし，$\overline{E}$ は $E$ の補集合である．図 6.5 に例を示す．

ある節点 $v_0$ から他の全ての節点 $v_1,\cdots,v_n$ に枝が接続されているグラフを**スター**という．図 6.6 にスターの例を示す．

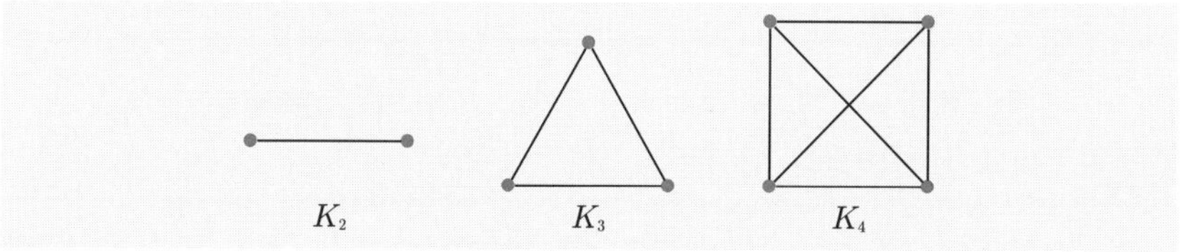


図 6.4　完全グラフ

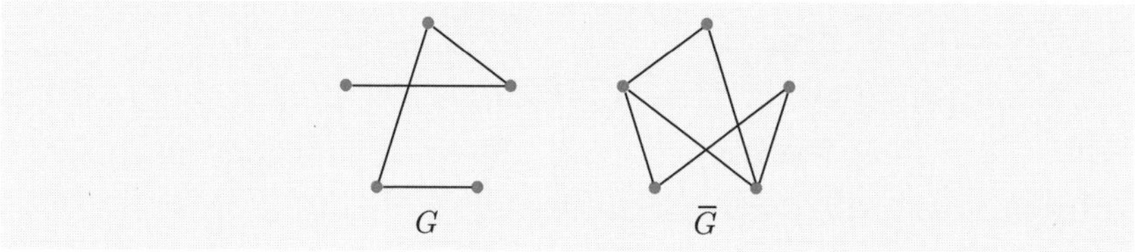


図 6.5　補グラフ

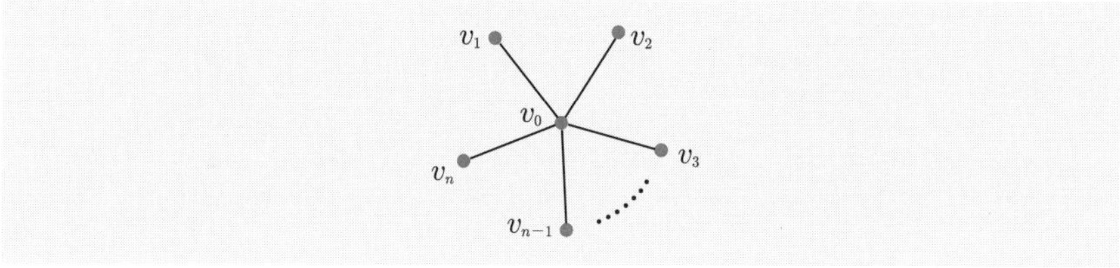


図 6.6　スター

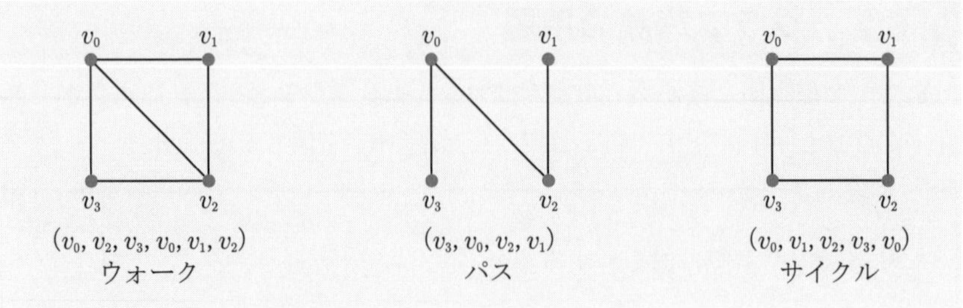


**図 6.7** ウォーク，パス，サイクル

あるグラフにおいて，節点 $v_0, v_1$ 間に枝が有り，節点 $v_1, v_2$ 間に枝が有り，$\cdots$，節点 $v_{k-1}, v_k$ 間に枝が有るとき，$(v_0, v_1, \cdots, v_k)$ を**ウォーク**という．

$v_0, v_1, \cdots, v_k$ 内に同一の節点が 2 個以上現れないウォーク $(v_0, v_1, \cdots, v_k)$ を**パス**という．

$v_0 = v_k$ となるウォーク $(v_0, v_1, \cdots, v_k)$ を**サイクル**（**閉路**）という．ウォーク，パス，サイクルの例を図 6.7 に示す．

**定義 6.1**

任意の 2 節点 $u, v$ 間にパスがあるとき，グラフ $G$ は**連結**している，という．

グラフ $G$ からいくつかの節点と枝を除去して得られるグラフ $H$ を，$G$ の**部分グラフ**という．ただし，節点を除去するときは，それに接続している全ての枝を除去するものとする．

必ずしも連結していないグラフ $G$ を考える．このとき，連結している極大部分グラフを，$G$ の連結成分という．ここで極大とは，これ以上大きくするともはや連結ではなくなる，という意味である．

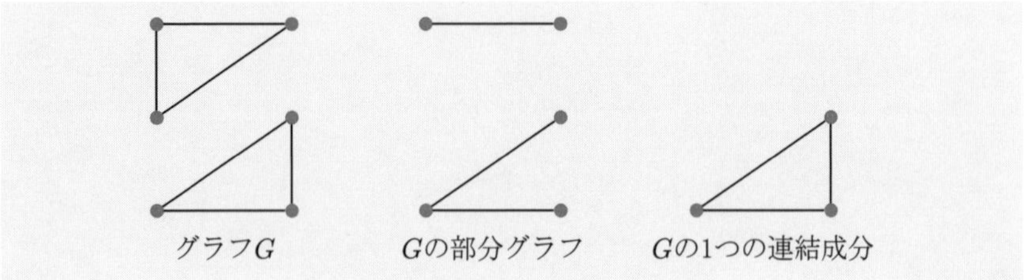


**図 6.8** 部分グラフと連結成分

## 6.3 オイラー閉路

ケーニヒスベルク町には，プレーゲル川が流れており，図 6.9 のように 7 つの橋がかかっている．このとき，全ての橋をちょうど 1 回ずつ渡るように散歩して，元の位置に戻ってこられるであろうか．オイラーは，1736 年に，そのような散歩は不可能であることを証明した．これが，グラフ理論の始まりといわれている．

プレーゲル川によって分断されている 4 つの区域を節点，橋を枝として表すと，図 6.10 のようなグラフが得られる．

我々の問題は，このグラフにおいて全ての枝を 1 回ずつ通る閉路（一筆書き）が存在するか，という問題である．一般に，グラフ $G$ の全ての枝を 1 回ずつ通る閉路を，$G$ の閉じた**オイラーウォーク**（**オイラー閉路**）という．また，閉

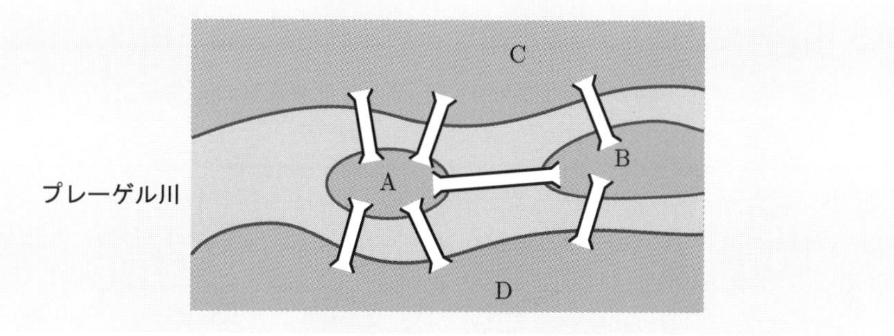


**図 6.9** ケーニヒスベルク町

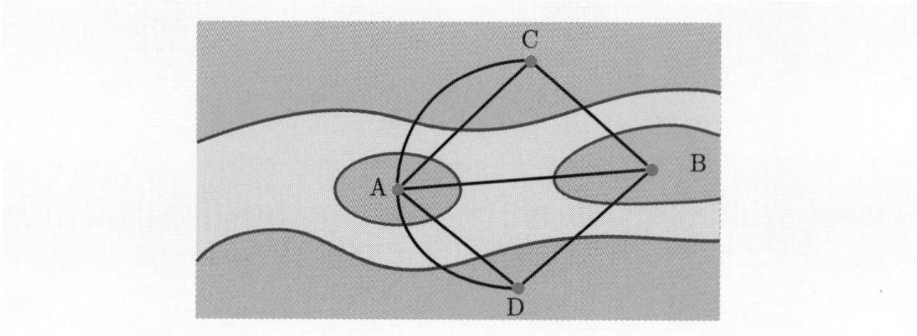


**図 6.10** ケーニヒスベルク町のグラフ表現

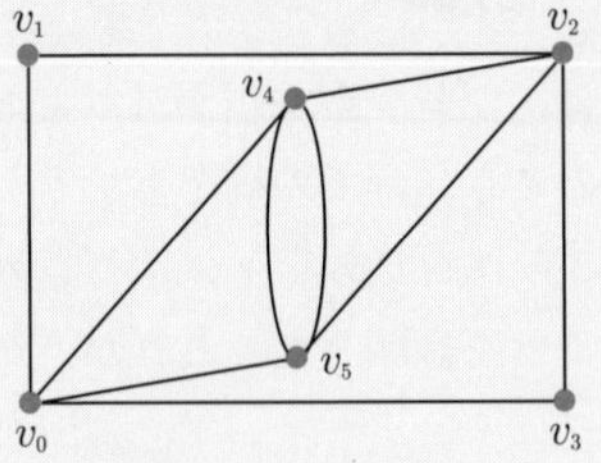


$(v_0, v_1, v_2, v_3, v_0, v_4, v_2, v_5, v_4, v_5, v_0)$

**図 6.11**　オイラーグラフの例

じたオイラーウォーク（閉じた一筆書き）が存在するグラフを，**オイラーグラフ**と呼ぶ．オイラーグラフの例を図 6.11 に示す．

このとき，以下の定理が成り立つ．

**定理 6.3**

連結グラフ $G$ がオイラーグラフである必要十分条件は，全ての節点の次数が偶数であることである．

**[証明]**　$G$ がオイラーグラフであると仮定する．すると，$G$ は閉じた一筆書き $C$ で書ける．節点 $v$ が，この一筆書き $C$ 中に $k$ 回現れると仮定する．このとき，$C$ において，$v$ には $2k$ 本の枝が接続していることになる（章末問題 6 (1)）．また，$G$ の全ての枝は $C$ に 1 回現れるので，上記以外の枝は存在しない．したがって，$v$ の次数は偶数である．

次に，全ての節点の次数が偶数で，かつ，オイラーグラフでないグラフが存在すると仮定する．そのうち，枝数最小のグラフを $G_0$ とする．$G_0$ の枝をなるべく多く含む閉じた一筆書きを $C_0$ とする．$G_0$ から $C_0$ の枝を全て除いたグラフを $G'$ とする．すると，$G'$ の任意の連結成分 $H_i$ において，各節点の次数は偶数である（章末問題 6 (2)）．また $H_i$ の枝数は $G_0$ の枝数より少ないので，$H_i$ はオイラーグラフである（章末問題 6 (3)）．したがって，$H_i$ は閉じた一筆書き $C_i$ で書ける．最後に，$C_0$ と $C_i$ の和集合をとると，$G_0$ の閉じた一筆書きを構成できることが容易にわかる（図 6.12 参照）．これは，$G_0$ はオイラーグラフでない，という仮定に反する．■

また，以下の定理が成り立つ．

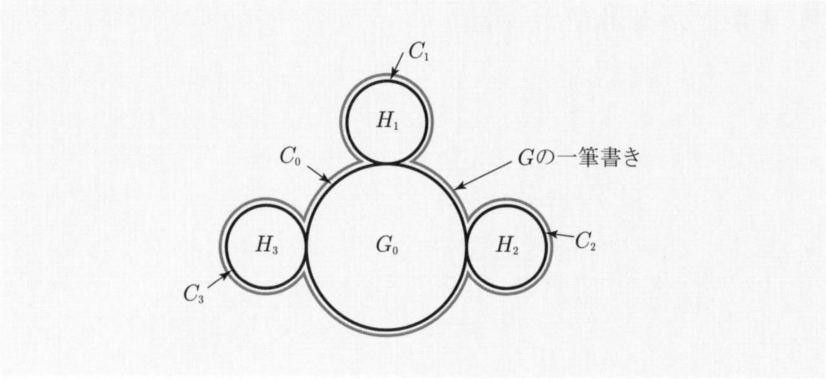


**図 6.12**　定理 6.3 の証明

**定理 6.4**

連結グラフ $G$ において，閉じていないオイラーウォーク（始点 $\neq$ 終点）が存在するための必要十分条件は，次数が奇数の節点が 2 個存在することである．

**［証明］**　$G$ に閉じていない一筆書き $P$ が存在すると仮定する．$P$ の両端の節点 $u, v$ 間に新たな枝 $e$ を付加したグラフを $G'$ とする．すると，$G'$ には閉じた一筆書きが存在することになる．したがって，定理 6.3 より，$G'$ の全ての節点の次数は偶数である．よって，$G$ には次数が奇数の節点が 2 個存在する．

次に，次数が奇数の節点が 2 個存在すると仮定する．この 2 節点の間に新たな枝 $e$ を付加したグラフを $G'$ とする．すると，$G'$ の全ての節点の次数は偶数である．よって，定理 6.3 より，$G'$ には閉じた一筆書き $C$ が存在する．$C$ から枝 $e$ を除去すると，閉じていない一筆書き $P$ が得られる．したがって，元のグラフ $G$ には閉じていないオイラーウォークが存在する．■

## 6.4 ハミルトン閉路

全ての枝を1回ずつ通る閉路が存在するグラフを，オイラーグラフと呼ぶのであった．定理6.3を使えば，与えられたグラフ$G$が**オイラーグラフ**かどうかの判定を非常に効率よく行うことができる．

これに対し，全ての節点を1回ずつ通る閉路を**ハミルトンサイクル**（**ハミルトン閉路**）と呼ぶ（図6.13）．しかし，ハミルトンサイクルに関しては，定理6.3のような定理は知られていない．さらに，与えられたグラフ$G$にハミルトンサイクルが存在するかどうかを判定する効率的な方法は存在しない，と信じられている．

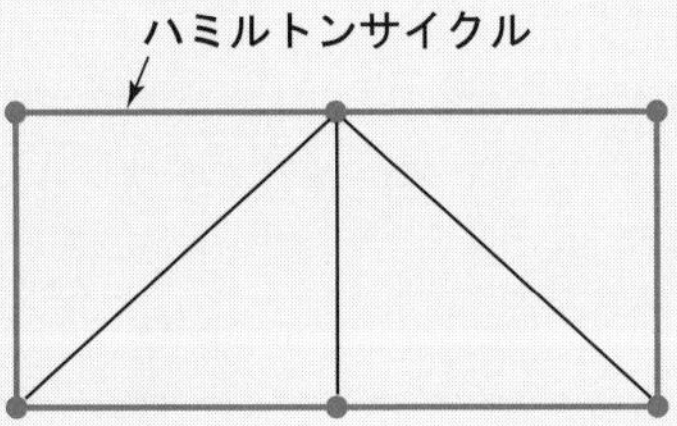


図6.13　ハミルトンサイクル (1)

**例 6.2**　図6.14のグラフには，図に青線で示したようなハミルトンサイクルが存在する．

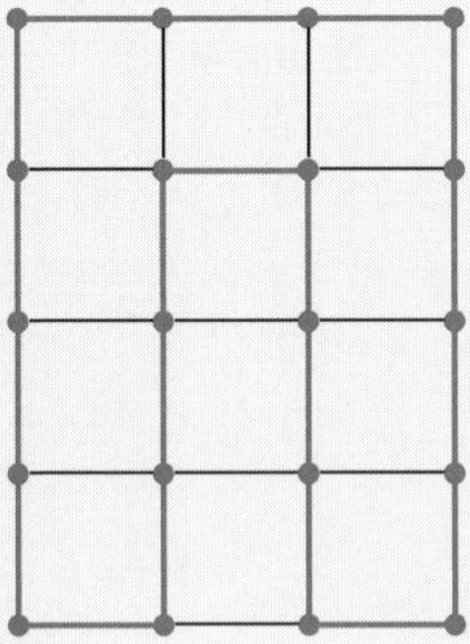

図6.14　ハミルトンサイクル (2)

□

# 6 章の問題

□ **1** 節点数が 2，および 3 の単純グラフを全て示せ．

□ **2** 次数が 2, 2, 3, 3, 3 となるような節点数 5 のグラフは存在するか．

□ **3** 次数が 1, 1, 1, 1 となるような節点数 4 のグラフを全て示せ．

□ **4** 任意の単純グラフにおいては，次数が等しい 2 つの節点が必ず存在することを証明せよ．

□ **5** 節点数が $n$，枝数が $\binom{n-1}{2}+1$ 本のグラフは，必ず連結していることを示せ．

□ **6** 定理 6.3 の証明について，以下の問いに答えよ．

(1) 節点 $v$ が一筆書き $C$ 中に $k$ 回現れるとき，$v$ には $2k$ 本の枝が接続しているのはなぜか．

(2) $G'$ の任意の連結成分 $H_i$ において，各節点の次数は偶数であるのはなぜか．

(3) $H_i$ がオイラーグラフであるのはなぜか．

# 第7章

# 木

「木」は，グラフ理論において最も簡単な，それでいて最も基本的な概念である．自然界に多種多様な木が数多く存在するように，グラフ理論の世界においても，「木」は，その簡潔さにもかかわらず，豊かな構造を持っている．また，数学の他の分野や計算機科学においても，さまざまな概念が「木」と密接に関連している．たとえば，データ圧縮法の１つであるハフマン符号化などである．本章では，まず，互いに同値な木の定義をいくつか与える．次に，全域木，根付き木について説明する．


7.1　木とは何か
7.2　全域木
7.3　根付き木

## 7.1　木とは何か

サイクルを含まない連結グラフを**木**という．木の例を図 7.1 に示す．

**定理 7.1**

節点数が 2 以上の木 $G$ においては，次数 1 の節点が 2 個以上存在する．

**[証明]**　$G$ の最長パスを $P=(v_1, v_2, \cdots, v_k)$ とする．もし $v_1$ が次数 2 以上だと仮定すると $v_1$ から $v_2$ 以外の節点に枝 $e$ が出ている．$P$ の最長性から $e$ は $P$ の外部に出ていないので，内部へ出ていることになる（図 7.2）．するとサイクルができるので $G$ が木であることに反する．よって $v_1$ の次数は 1 である．同様に $v_k$ の次数も 1 である．$v_1 \neq v_k$ なので証明終．■

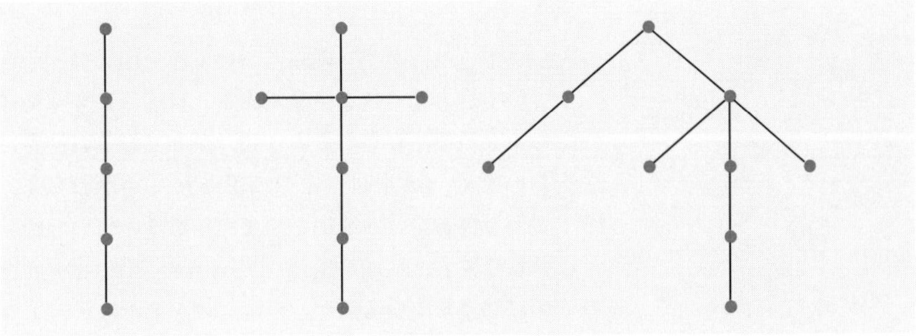

図 7.1　木

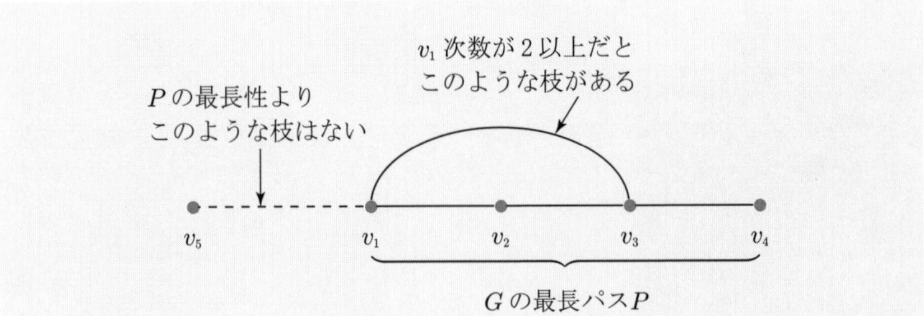


図 7.2　定理 7.1 の証明

**定理 7.2**

節点数 $n$ の木 $G$ には，$n-1$ 本の枝がある．

**［証明］**　$n=2$ のとき，明らかに成り立つ．$n \leq k$ のとき成り立つと仮定する．節点数が $n=k+1$ の木 $G$ から任意の枝を 1 本除去すると，2 つの連結成分 $H_1, H_2$ に分かれる（図 7.3）．このとき，$H_1, H_2$ はそれぞれ木であることは容易にわかる．また，$H_1$ の節点数を $n_1$，$H_2$ の節点数を $n_2$ とすると，帰納法の仮定より，$H_1$ の枝数は

$$e_1 = n_1 - 1$$

$H_2$ の枝数は

$$e_2 = n_2 - 1$$

である．ゆえに，$G$ の枝数 $e$ は，

$$\begin{aligned} e &= e_1 + e_2 + 1 \\ &= n_1 - 1 + n_2 - 1 + 1 \\ &= n_1 + n_2 - 1 \\ &= n - 1 \end{aligned}$$

■

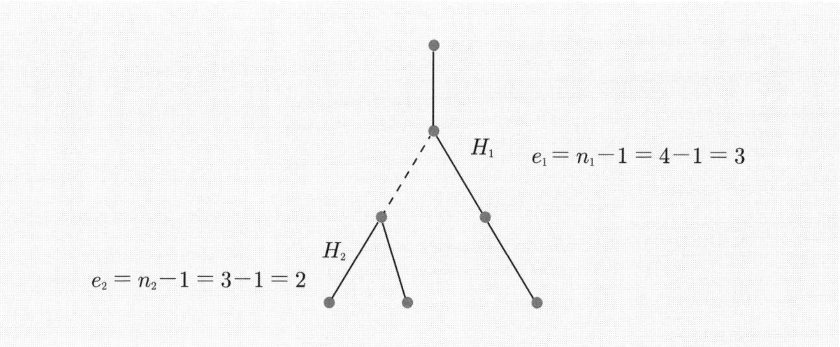


**図 7.3**　定理 7.2 の証明

**定理 7.3**

節点数 $n$，枝数 $n-1$ の連結グラフ $G$ は，木である．

**[証明]**　$G$ が木でないと仮定する．すると，$G$ はサイクルを有する．$G$ から何本かの枝を除去し，木 $G'$ を生成することを考える．すると，$G'$ の枝数は $n-2$ 本以下となり，定理 7.2 に反する（図 7.4）．■

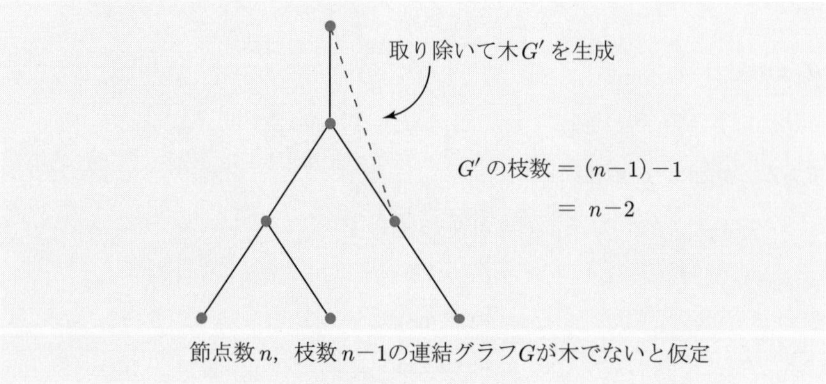


**図 7.4**　定理 7.3 の証明

**定理 7.4**

節点数が 2 以上のグラフ $G$ においては，以下は同値である（章末問題 1）．

(1)　$G$ は木である．
(2)　$G$ の任意の 2 つの節点は，ちょうど 1 個のパスで結ばれている．
(3)　$G$ は連結しており，かつ，どの枝を除去しても連結でなくなる．
(4)　$G$ にはサイクルがなく，かつ，どのように枝を付加してもちょうど 1 個のサイクルができる．

## 7.2 全 域 木

連結グラフ $G$ の全ての節点を含む部分グラフのうち木であるものを，$G$ の**全域木**という（図 7.5）．

各枝にそれぞれ長さがついているとき，枝の長さの総和が最小となる全域木を**最小全域木**という（図 7.6）．

連結グラフ $G$ の最小全域木を求めるアルゴリズムを以下に示す．ただし $G$ の節点数を $n$，枝数を $m$ とする．

(1) 枝を，長さが短い順に並べ，それらを $e_1, \cdots, e_m$ とする．

(2) $e_1$ のみからなるグラフを $H$ とする．

(3) $i = 2, 3, \cdots$ の順番で，以下の操作を行う．

　(a) $e_i$ を $H$ に加えたとき，閉路ができるかどうかチェックする．閉路ができなければ，$e_i$ を $H$ に加える．

　(b) $H$ の枝数が $n-1$ になったら終了し，$H$ を全域木として出力する．

上記のアルゴリズムは，単なる全域木を求めるアルゴリズムにもなっている．各枝の長さを 1 とすればよい．

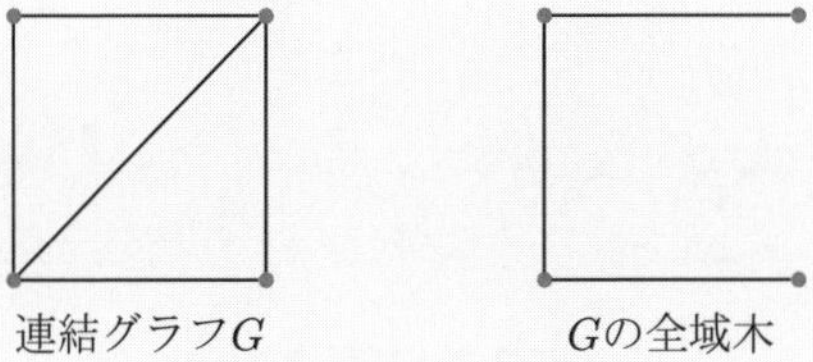


図 7.5　全域木

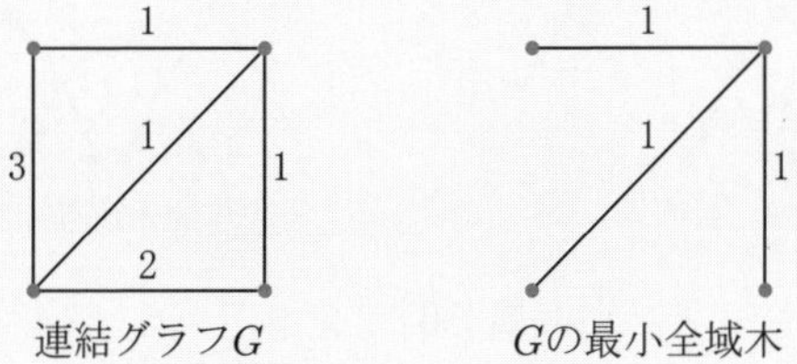


図 7.6　最小全域木

## 7.3 根付き木

1つの節点 $r$ を根として固定した木 $G$ を，**根付き木**という．根付き木において，$r$ 以外の次数が1の節点を**葉**という．根 $r$ から各葉へのパスはちょうど1つあるので，これにしたがって $G$ の各枝に向きを与えることができる．根 $r$ から節点 $v$ へのパスの長さは，$v$ の**深さ**を呼ばれ，$\mathrm{depth}(v)$ で表される．

このパス上における $v$ の隣接節点を $\mathrm{parent}(v)$ と書き，$v$ の**親**と呼ぶ．$\mathrm{parent}(v)$ 以外の $v$ の隣接節点を $v$ の**子**といい，$\mathrm{child}(v)$ と書く（図7.7）．

さらに，根 $r$ から節点 $v$ へのパス上の任意の節点 $a$ を，$v$ の**先祖**と呼ぶ．また，$v$ から節点 $b$ へのパスが存在するとき，$b$ を $v$ の**子孫**と呼ぶ．

葉以外の任意の節点の子の数が2である根付き木を，**2分木**という．また，全ての葉が等しい深さを持つ2分木を，**完全2分木**という（図7.8）．

根付き木は，さまざまなアルゴリズムの設計と解析において，非常に重要な役割を果たす．

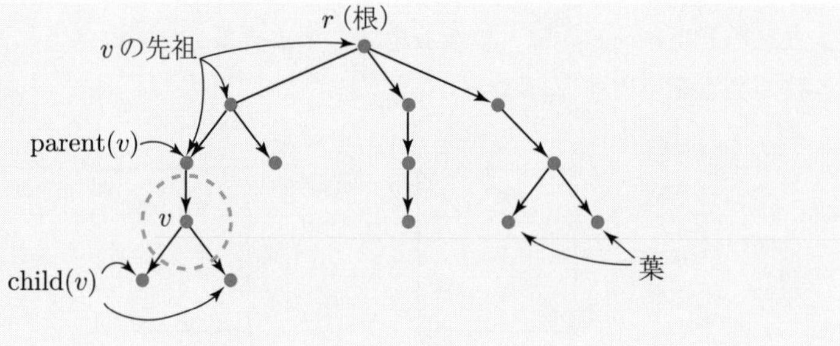


**図7.7** 根付き木

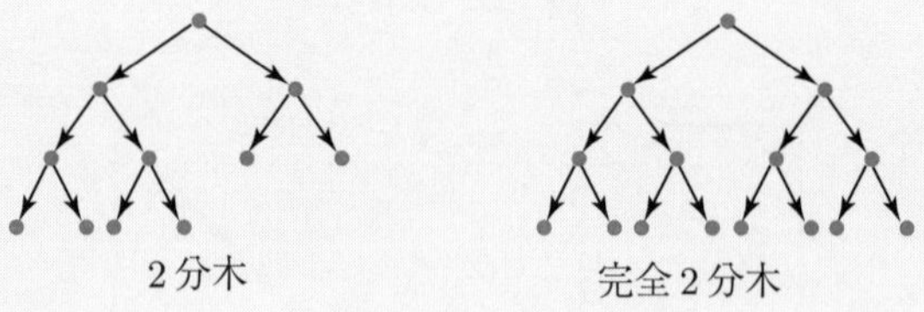


**図7.8** 2分木

## 7 章 の 問 題

□ **1** 定理 7.4 を証明せよ．

□ **2** 図 7.9 で示されるグラフの全域木を全て求めよ．

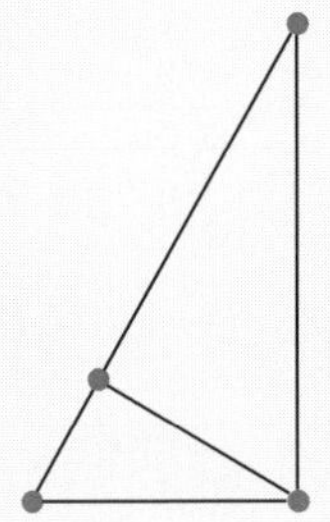

**図 7.9** 問題 2 のグラフ

# 第8章

# 整　数

整数論は，計算機科学と密接に関係している．たとえば，素数は多項式時間で判定可能であろうか．この問題は長年の未解決問題であったが，2002 年に多項式時間アルゴリズムが開発され，肯定的に解決された．この成果は，計算機科学における過去 10 年のうちで最大の発見とされている．また，初等整数論は，現代暗号理論や符号理論において非常に重要な役割を果たす．本章では，整数の基本的な性質について解説する．

8.1　整数の基本的概念
8.2　最大公約数とユークリッドの互除法
8.3　拡張ユークリッドの互除法
8.4　$1/a \pmod n$ の求め方
8.5　フェルマーの小定理

## 8.1 整数の基本的概念

整数の集合を

$$\mathbb{Z} = \{\cdots, -2, -1, 0, 1, 2, \cdots\}$$

で表す．$a, b \in \mathbb{Z}$ に対し，

$$a = bc$$

なる $c \in \mathbb{Z}$ が存在するとき，$b$ は $a$ を割り切る，という．このとき，

$$b \mid a$$

と書き，$b$ を $a$ の約数という．そうでないとき，

$$b \nmid a$$

と書く．

**定理 8.1**

$a \mid b$ かつ $b \mid a$ である必要十分条件は，$a = \pm b$ である．

整数 $p > 1$ が 1, $p$ 以外の約数を持たないとき，$p$ を**素数**と呼ぶ．素数でない整数 $n > 1$ を**合成数**と呼ぶ．たとえば，

$$2,\ 3,\ 5,\ 11,\ 13,\ 17,\ \cdots$$

は素数である．

**定理 8.2**

任意の整数 $n > 1$ は，

$$n = p_1^{e_1} \cdots p_t^{e_t}$$

と一意に**素因数分解**される．ただし，$p_1, \cdots, p_t$ は素数である．

**定理 8.3**

任意の整数 $a$ および $n > 0$ に対し，

$$a = qn + r \tag{8.1}$$

となる整数 $q$ および $0 \leq r < n$ となる整数 $r$ が一意に定まる．

式 (8.1) が成り立つとき，

$$r = (a \bmod n)$$

と書く．また，

$$(a \bmod n) = (b \bmod n)$$

のとき，

$$a = b \pmod{n} \tag{8.2}$$

と書き，$a$ と $b$ は**法** $n$ のもとで**合同**である，という．式 (8.2) が成り立つ必要十分条件は，$a-b$ が $n$ で割り切れることである．

**例 8.1** (1) $2 = (7 \bmod 5)$.

(2) $2 = (12 \bmod 5)$.

(3) $2 = (-3 \bmod 5)$. □

**定理 8.4**

$$a = a' \pmod{n}$$

$$b = b' \pmod{n}$$

のとき，

$$a \pm b = a' \pm b' \pmod{n}$$

$$ab = a'b' \pmod{n}$$

が成り立つ．

**例 8.2**

$$6 = 1 \pmod{5}$$

$$7 = 2 \pmod{5}$$

なので，

$$6 + 7 = 1 + 2 \pmod{5}$$

$$= 3 \pmod{5}$$

また，

$$6 \times 7 = 1 \times 2 \pmod 5$$
$$= 2 \pmod 5$$

□

特に，$n = 0 \pmod n$ であるから（図 8.1 参照），

$$-x = 0 - x \pmod n$$
$$= n - x \pmod n$$

**例 8.3**　mod 7 の世界で考えると，

$$-1 = 0 - 1 = 7 - 1 = 6 \pmod 7$$
$$-2 = 0 - 2 = 7 - 2 = 5 \pmod 7$$

□

**定義 8.1**

$Z_n$ を

$$Z_n = \{0, 1, \cdots, n-1\}$$

と定義する．

**例 8.4**　(1)　$Z_2 = \{0, 1\}$．

(2)　$Z_5 = \{0, 1, 2, 3, 4\}$．

□

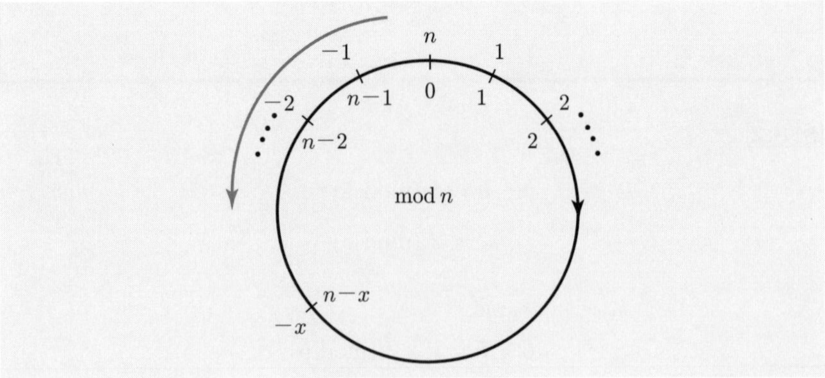


図 8.1　$-x \pmod n$

## 8.2　最大公約数とユークリッドの互除法

$a, b \in \mathbb{Z}$ に対し，$d \mid a$ かつ $d \mid b$ なる $d \in \mathbb{Z}$ を $(a, b)$ の**公約数**という．最も大きな $(a, b)$ の公約数を，$(a, b)$ の**最大公約数**といい，$\gcd(a, b)$ で表す．$\gcd(a, b) = 1$ のとき，$a$ と $b$ は互いに素である，という．たとえば，

$$\gcd(24, 36) = 12$$
$$\gcd(5, 7) = 1$$

$\gcd(20, 12) = 4$ を，20, 12 の素因数分解を利用して求めてみよう．まず，20, 12 の素因数分解を求めると，

$$20 = 2^2\ (\times 3^0) \times 5$$
$$12 = 2^2 \times 3\ (\times 5^0)$$

次に，各素因数 2, 3, 5 の指数部の小さい方をとることにより，

$$\gcd(20, 12) = 2^2 \times 3^0 \times 5^0 = 4$$

しかし，$a, b$ が大きくなるとこの方法は使えない．なぜなら，素因数分解を実行する多項式時間アルゴリズムが知られていないからである．

$\gcd(a, b)$ を求める効率のよいアルゴリズムとして，**ユークリッドの互除法**が知られている．これは，次の定理を繰り返し用いる方法である．

**定理 8.5**

整数 $a$ を $b > 0$ で割った余りを $r$ とする．すなわち，

$$a = qb + r \tag{8.3}$$

このとき，

$$\gcd(a, b) = \gcd(b, r).$$

たとえば，$a = 11, b = 4$ とすると，

$$11 = 2 \times 4 + 3$$

なので，

$$\gcd(11, 4) = \gcd(4, 3).$$

ここで，定理8.5を以下のように繰り返し用いてみる．

$$\begin{aligned}
11 &= 2\times 4+3 &\to\quad& \gcd(11,4)=\gcd(4,3)\\
4 &= 1\times 3+1 &\to\quad& \gcd(4,3)=\gcd(3,1)\\
3 &= 3\times 1+0 &\to\quad& \gcd(3,1)=1
\end{aligned}$$

すると，上記より，

$$\gcd(11,4)=\gcd(4,3)=\gcd(3,1)=1$$

となり，

$$\gcd(11,4)=1$$

が求まった．このようにして $\gcd(a,b)$ を求める方法が，ユークリッドの互除法である．

**定理 8.6**

2つの整数 $a>b>0$ に対し，余りの系列 $r_1,\cdots,r_{k+1}$，および商の系列 $q_1,\cdots,q_{k+2}$ を以下のように定める．

$$\begin{aligned}
a &= q_1 b + r_1 && (0<r_1<b)\\
b &= q_2 r_1 + r_2 && (0<r_2<r_1)\\
r_1 &= q_3 r_2 + r_3 && (0<r_3<r_2)\\
&\cdots && \cdots\\
r_{k-1} &= q_{k+1} r_k + r_{k+1} && (0<r_{k+1}<r_k)\\
r_k &= q_{k+2} r_{k+1} && (r_{k+2}=0)
\end{aligned}$$

このとき，

$$\gcd(a,b)=r_{k+1}$$

が成り立つ．また，繰り返し回数 $k+2$ については，

$$k+2 \le \frac{\log_2 b}{\log_2 \phi}+1 \tag{8.4}$$

である（章末問題3）．ただし，

$$\phi=\frac{1+\sqrt{5}}{2}\approx 1.62.$$

ユークリッドの互除法は，以下のように再帰的に記述することもできる．

EUCLID($a$, $b$)

(1)　if $b = 0$, then return $a$.

(2)　else return EUCLID($b, a \bmod b$).

たとえば，EUCLID(20,12) を実行すると，以下のようになる．

$$\begin{aligned}
\mathrm{EUCLID}(20, 12) &= \mathrm{EUCLID}(12, 20 \bmod 12) \\
&= \mathrm{EUCLID}(12, 8) \\
&= \mathrm{EUCLID}(8, 12 \bmod 8) \\
&= \mathrm{EUCLID}(8, 4) \\
&= \mathrm{EUCLID}(4, 8 \bmod 4) \\
&= \mathrm{EUCLID}(4, 0) \\
&= 4
\end{aligned}$$

実際，

$$\gcd(20, 12) = 4$$

である．

最後に，定理 8.5 を証明しよう．

**補題 8.1**

式 (8.3) において，$(a, b)$ の公約数の集合を $S_{ab}$，$(b, r)$ の公約数の集合を $S_{br}$ とすると，

$$S_{ab} = S_{br}$$

**[証明]**　まず，$S_{br} \subseteq S_{ab}$ を証明する．そのためには，全ての $d \in S_{br}$ が $d \in S_{ab}$ を満たすことを示せばよい．$d \in S_{br}$ としよう．このとき，$a = qb + r$ の両辺の mod $d$ をとると，

$$a = 0 + 0 = 0 \pmod{d}$$

ゆえに，$d$ は $a$ の約数である．

一方，$d \in S_{br}$ なので，$d$ は $b$ の約数である．よって，$d$ は $(a, b)$ の公約数である．ゆえに，

$$d \in S_{ab}.$$

これで,

$$S_{br} \subseteq S_{ab}$$

を証明できた. 同様に,

$$S_{ab} \subseteq S_{br} \tag{8.5}$$

を証明できる（章末問題 2）. ゆえに,

$$S_{ab} = S_{br}$$

である. ■

この補題より, ただちに

$$\gcd(a, b) = \gcd(b, r)$$

が成り立つことがわかる.

**例 8.5** 定理 8.5 を用いて $\gcd(20, 12)$ を求めると以下のようになる.

$$\begin{aligned}\gcd(20, 12) &= \gcd(12, 8)\\ &= \gcd(8, 4)\\ &= 4\end{aligned}$$

□

**例 8.6** 定理 8.5 を用いて $\gcd(36, 24)$ を求めると以下のようになる.

$$\begin{aligned}\gcd(36, 24) &= \gcd(24, 12)\\ &= 12\end{aligned}$$

□

**例 8.7** 定理 8.5 を用いて $\gcd(7, 5)$ を求めると以下のようになる.

$$\begin{aligned}\gcd(7, 5) &= \gcd(5, 2)\\ &= \gcd(2, 1)\\ &= 1\end{aligned}$$

□

## 8.3 拡張ユークリッドの互除法

$\gcd(11,4)=1$ である．このとき，

$$1 = 11 \times (-1) + 4 \times 3 \tag{8.6}$$

が成り立つ．一般に，ある整数 $x$, $y$ によって

$$\gcd(a,b) = ax + by$$

と書ける．上記の例では，$x=-1, y=3$ である．

式 (8.6) を満たす $x, y$ を求めるアルゴリズムとして**拡張ユークリッドの互除法**が知られている．前節で示した $\gcd(11,4)$ を求めるユークリッドの互除法を例に，拡張ユークリッドの互除法を説明しよう．まず，

$$11 = 11 \times 1 + 4 \times 0 \tag{8.7}$$

$$4 = 11 \times 0 + 4 \times 1 \tag{8.8}$$

が成り立つ．次に，11 を 4 で割った余りを求めると

$$3 = 11 - 4 \times 2$$

なので，式 (8.7) − 式 (8.8) ×2 を計算する．すると，

$$3 = 11 \times 1 + 4 \times (-2) \tag{8.9}$$

が得られる．次に，4 を 3 で割った余りを求めると

$$1 = 4 - 3 \times 1$$

なので，式 (8.8) − 式 (8.9) × 1 を計算する．すると，

$$1 = 11 \times (-1) + 4 \times 3 \tag{8.10}$$

となり，式 (8.6) が得られた．

このように，拡張ユークリッドの互除法を $(a,b)$ に適用すると，最後に

$$\gcd(a,b) = ax + by$$

という式が得られる．すなわち，左辺から $\gcd(a,b)$ の値が得られ，同時に右辺から $x, y$ が得られる．

このような拡張ユークリッドの互除法は以下のように再帰的に記述することもでき，Extend-Euclid$(a,b)$ の出力が $(d,x,y)$ となる．

Extend-Euclid$(a,b)$

- return EXTEND$((a,1,0),(b,0,1))$.

EXTEND$((a,x,y),(b,x',y'))$

(1) if $b=0$, then return $(a,x,y)$.

(2) else

$$q = \lfloor a/b \rfloor$$

$$(c,x'',y'') = (a,x,y) - q \times (b,x',y')$$

(3) return EXTEND$((b,x',y'),(c,x'',y''))$

たとえば，Extend-Euclid(20,12) を実行すると，以下の計算が行われる．

$$\begin{aligned}\mathrm{EXTEND}((20,1,0),(12,0,1)) &= \mathrm{EXTEND}((12,0,1),(8,1,-1)) \\ &= \mathrm{EXTEND}((8,1,-1),(4,-1,2)) \\ &= \mathrm{EXTEND}((4,-1,2),(0,3,-5)) \\ &= (4,-1,2)\end{aligned}$$

これより，確かに

$$\gcd(20,12) = 4 = 20 \times (-1) + 12 \times 2$$

が成り立っていることがわかる．

上記の実行例は，以下の計算に対応している．

$$\begin{aligned}&20 = 20 \times 1 + 12 \times 0 \\ &12 = 20 \times 0 + 12 \times 1 \\ &8 = 20 \times 1 + 12 \times (-1) \\ &4 = 20 \times (-1) + 12 \times 2 \\ &(0 = 20 \times 3 + 12 \times (-5))\end{aligned}$$

## 8.4　$1/a \pmod{n}$ の求め方

特に，$\gcd(n, a) = 1$ の場合は，拡張ユークリッドの互除法を用いると，

$$1 = nx + ay$$

となる整数 $(x, y)$ が求まる．ここで，両辺の mod $n$ をとると，

$$1 = ay \pmod{n}$$

と書ける．これは，

$$y = 1/a \pmod{n}$$

を意味している．このように，$\gcd(n, a) = 1$ の場合は，拡張ユークリッドの互除法を用いることにより，

$$1/a \pmod{n}$$

の値を求めることができる．

**例 8.8**　式 (8.6) より，

$$1 = 11 \times (-1) + 4 \times 3$$

ここで，両辺の mod 11 をとると，

$$1 = 4 \times 3 \pmod{11}$$

したがって，

$$3 = 1/4 \pmod{11}$$

□

**例 8.9**　$1/5 \pmod{7}$ を求めてみよう．

まず，$\gcd(7, 5) = 1$ なので，$y = 1/5 \pmod{7}$ が存在する．次に拡張ユークリッドの互除法により

$$\gcd(7, 5) = 1 = 7 \times (-2) + 5 \times 3.$$

ここで両辺の mod 7 をとると

$$1 = 5 \times 3 \pmod{7}.$$

ゆえに $3 = 1/5 \pmod{7}$.　□

## 8.5 フェルマーの小定理

まず，以下の補題が成り立つ．

**補題 8.2**

$p$ を素数とし，$a, b, x \in \{1, \cdots, p-1\}$ とする．このとき，$a \neq b$ ならば，

$$ax \neq bx \ (\mathrm{mod}\ p)$$

**[証明]**　$ax = bx\ (\mathrm{mod}\ p)$ と仮定すると，

$$(a-b)x = 0 \ (\mathrm{mod}\ p)$$

また，$\gcd(p, x) = 1$ であるから，$1/x\ (\mathrm{mod}\ p)$ が存在する．よって，$1/x\ (\mathrm{mod}\ p)$ を両辺にかけると，

$$a - b = 0 \ (\mathrm{mod}\ p)$$

これは，$a \neq b\ (\mathrm{mod}\ p)$ という仮定に反する．■

この補題をもとに，フェルマーの小定理を証明しよう．

**定理 8.7**

**[フェルマーの小定理]**　$p$ が素数のとき，任意の $a \in \{1, \cdots, p-1\}$ に対し

$$a^{p-1} = 1 \ (\mathrm{mod}\ p).$$

**[証明]**

$$c_1 = a, \quad c_2 = 2a \ (\mathrm{mod}\ p), \quad \cdots, \quad c_{p-1} = (p-1)a \ (\mathrm{mod}\ p)$$

とおくと，補題 8.2 より，

$$\{c_1, c_2, \cdots, c_{p-1}\} = \{1, 2, \cdots, p-1\}$$

である．よって，

$$c_1 \times \cdots \times c_{p-1} = 1 \times \cdots \times (p-1)$$

これより，

$$a^{p-1} \times 1 \times \cdots \times (p-1) = 1 \times \cdots \times (p-1) \ (\mathrm{mod}\ p)$$

ここで，

$$\gcd(p, 1 \times \cdots \times (p-1)) = 1$$

であるから,

$$a^{p-1} = 1 \pmod{p}$$ ■

**例 8.10**

$$1^4 = 1 \pmod{5}$$
$$2^4 = 1 \pmod{5}$$
$$3^4 = 1 \pmod{5}$$
$$4^4 = 1 \pmod{5}$$ □

**例 8.11**

$$1^6 = 1 \pmod{7}$$
$$2^6 = 1 \pmod{7}$$
$$3^6 = 1 \pmod{7}$$
$$4^6 = 1 \pmod{7}$$
$$5^6 = 1 \pmod{7}$$
$$6^6 = 1 \pmod{7}$$ □

**コラム**

定理 8.7 は,フェルマーの大定理(またはフェルマーの最終定理)と区別するために,フェルマーの小定理と呼ばれている.フェルマーの大定理とは,3 以上の自然数 $n$ について,

$$x^n + y^n = z^n$$

となる 0 でない自然数 $(x, y, z)$ の組合わせが存在しない,という定理である.$n = 2$ のときは,上の式を満たす整数の組は無数に存在するが,任意の $n \geq 3$ に対しては,長らくその証明も反例も知られていなかった.そのため,長らくフェルマー予想と呼ばれてきたが,1994 年にワイルズによって完全な証明が発見された.

# 8 章 の 問 題

□ **1** $\gcd(100, 35)$ を求めよ．

□ **2** 式 (8.5) を証明せよ．

□ **3** 式 (8.4) を証明せよ．

□ **4** $\gcd(23, 9)$ を求めよ．また，$\gcd(23, 9) = 23x + 9y$ となる整数 $x, y$ を求めよ．

□ **5** $1/9 \pmod{23}$ を求めよ．

# 第9章

# 代　数　系

ガロアは 1832 年の決闘の前日に，友人に宛てて，彼の数学的業績を要約した手紙を書いた．そして，決闘でこの世を去った．現代の代数学のはじまりは，この手紙に書かれていた理論が大きな契機となった．代数系は，計算機科学，通信工学，機械工学，オペレーションズリサーチなど，多くの分野に応用されている．本章では，群，環，体の初歩について解説する．


9.1　群
9.2　環
9.3　体

## 9.1 群

### 9.1.1 群とは何か

演算 $+, -, \times, \div$ などは，しばしば実数の集合上の**2 項演算**と呼ばれる．一般に，$S$ を集合としたとき，$S^2$ から $S$ への写像 $* : S^2 \to S$ を，集合 $S$ 上の**2 項演算**という．

$a, b$ が正整数のとき，$a + b$ も正整数になる．このとき，正整数の集合は $+$ について閉じている，という．一般に，$A$ を $S$ の部分集合とする．このとき，$a, b \in A$ なら $a * b \in A$ のとき，$A$ は演算 $*$ について閉じている，という．集合 $A$ が演算 $*$ について閉じているとき，$(A, *)$ を**代数系**という．

**例題 9.1**

自然数の集合 $\mathbb{N}$ は $+$ について閉じているか．また，$-$ について閉じているか．

**【解答】** $+$ については閉じているが，$-$ については閉じていない． □

**例題 9.2**

$(\mathbb{N}, +)$ は代数系か．また，$(\mathbb{N}, -)$ はどうか．

**【解答】** $(\mathbb{N}, +)$ は代数系であるが，$(\mathbb{N}, -)$ は代数系ではない． □

整数の集合 $\mathbb{Z}$ は，$+$ について閉じているのみならず，以下の 3 つの性質を満たす．

- **結合律** $a + (b + c) = (a + b) + c$ が成り立つ．
- 任意の $a \in \mathbb{Z}$ に対し，$a + 0 = 0 + a = a$ となる**単位元** $0 \in \mathbb{Z}$ が存在する．
- 任意の $a \in \mathbb{Z}$ に対し，$a + (-a) = (-a) + a = 0$ となる**逆元** $(-a) \in \mathbb{Z}$ が存在する．

このようなとき，$(\mathbb{Z}, +)$ は群をなす，という．一般に，代数系 $(G, *)$ が以下の性質を満たすとき，$(G, *)$ を**群**という．

(1)　**結合律** $a*(b*c)=(a*b)*c$ が成り立つ．

(2)　任意の $a \in G$ に対し，$a*e=e*a=a$ となる**単位元** $e \in G$ が存在する．

(3)　任意の $a \in G$ に対し，$a*a'=a'*a=e$ となる**逆元** $a' \in G$ が存在する．

**例題 9.3**

0 を除いたを実数の集合を $\mathbb{R}^*$ としたとき，$(\mathbb{R}^*, \times)$ は群である．また，単位元は 1 である．これを確認せよ．

**【解答】** (1)　$a$, $b$, $c$ を 0 でない実数とすると，明らかに

$$a \times (b \times c) = (a \times b) \times c.$$

(2)　任意の実数 $a$ に対し

$$a \times 1 = 1 \times a = a.$$

(3)　0 でない任意の実数 $a$ に対し，$1/a$ という実数が存在し

$$a \times \frac{1}{a} = \frac{1}{a} \times a = 1.$$

□

代表的な群の表記法として，**加法的**な記法と**乗法的**な記法がよく用いられる．

- **〔加法的な記法〕**　演算記号が + の群 $(G,+)$．この記法を用いた場合，**加法群**と呼ばれる．単位元は 0，$x$ の逆元は $-x$ と表す．また，

$$\left.\begin{aligned} 1a &= a \\ 2a &= a+a \\ 3a &= a+a+a \\ &\ \vdots \end{aligned}\right\} \tag{9.1}$$

と定義する．

- **〔乗法的な記法〕**　演算記号が $\cdot$ の群 $(G,\cdot\ )$．この記法を用いた場合，**乗法群**と呼ばれる．単位元は 1，$x$ の逆元は $x^{-1}$ と表す．また，

$$\left.\begin{aligned} a^1 &= a \\ a^2 &= a \cdot a \\ a^3 &= a \cdot a \cdot a \\ &\ \vdots \end{aligned}\right\} \tag{9.2}$$

と定義する．

**交換律** $a * b = b * a$ が成り立つ群 $(G, *)$ を，**可換群**，あるいは**アーベル群**という．

- $(\mathbb{Z}, +)$ は可換群（アーベル群）である．
- $(\mathbb{R}^*, \times)$ は可換群（アーベル群）である．

$G$ が有限集合のとき，群 $(G, *)$ は**有限な群**と呼ばれる．有限な群の例を示そう．

例 9.1
- 正整数 $n$ に対し，$Z_n$ は
$$Z_n = \{0, 1, \cdots, n-1\}$$
と定義されるのであった．このとき，$a, b \in Z_n$ に対し，$a + b$ の値を $a + b \pmod{n}$ の値と定義する．すると，$(Z_n, +)$ は有限な可換群になる（$a \in Z_n$ に対し，$a$ を $n$ で割った余りを $a \pmod{n}$ で表すのであった）．
- 素数 $p$ に対し，$Z_p^*$ を
$$Z_p^* = \{1, 2, \cdots, p-1\}$$
と定義する．このとき，$a, b \in Z_p^*$ に対し，$a \cdot b$ の値を $a \times b \pmod{p}$ の値と定義する．すると，$(Z_p^*, \cdot\,)$ は有限な可換群になる．
- $XY$-座標平面上において，原点を中心に反時計方向に $90°$ 回転する操作を $P_1$，$180°$ 回転する操作を $P_2$，$270°$ 回転する操作を $P_3$，恒等変換（何もしない操作）を $P_0$ とし，$G = \{P_0, P_1, P_2, P_3\}$ とおく．また，$P_i$ を行って次に $P_j$ を行う操作を $P_j * P_i$ と書く．すると，$(G, *)$ は有限な可換群である（図 9.1）．
- 集合 $A = \{1, 2, \cdots, n\}$ 上の置換は，$A$ から $A$ への全単射とみなすことができる．$S_n$ を $A$ 上の全ての置換の集合とする．また，2 つの置換 $\pi, \rho$ に対し，その合成写像を $\pi * \rho$ と書く．すると，$(S_n, *)$ は有限な群になる．こ

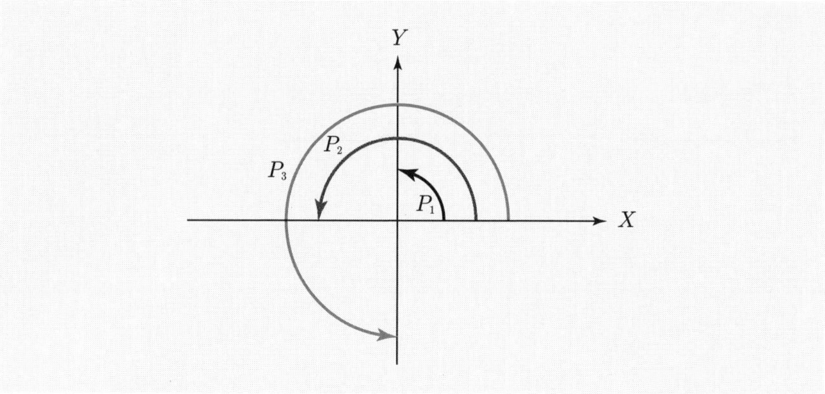


図 9.1　回転操作

れを $n$ 次の**対称群**という．ただし，この群は，可換ではない．
たとえば，

$$\pi = \begin{pmatrix} 1 & 2 & 3 \\ 1 & 3 & 2 \end{pmatrix}$$

$$\rho = \begin{pmatrix} 1 & 2 & 3 \\ 2 & 1 & 3 \end{pmatrix}$$

とすると，

$$\pi * \rho = \begin{pmatrix} 1 & 2 & 3 \\ 3 & 1 & 2 \end{pmatrix}$$

であるのに対し，

$$\rho * \pi = \begin{pmatrix} 1 & 2 & 3 \\ 2 & 3 & 1 \end{pmatrix}$$

したがって，$\pi * \rho \neq \rho * \pi$．　□

### 9.1.2 部分群

加法群 $(G,+)$ において，$G$ の部分集合 $H(\neq\emptyset)$ を考える．このとき，$(H,+)$ も群であるなら，$(H,+)$ を $(G,+)$ の**部分群**という．

**定理 9.1**

$H$ が以下の 2 つの条件を満たせば，$(H,+)$ は $(G,+)$ の部分群となる．

(1) $a,b\in H$ に対し，$a+b\in H$

(2) 任意の $a\in H$ に対し，$-a\in H$

自明な部分群として，以下の 2 つを考えることができる．

- $(G,+)$ は $(G,+)$ の部分群である．
- 0 を単位元としたとき，$(\{0\},+)$ は $(G,+)$ の部分群である．

これに対し，自明でない部分群を**真部分群**という．

たとえば，$3\mathbb{Z}$ を 3 の倍数の集合とすると，$3\mathbb{Z}$ は（整数の集合）$\mathbb{Z}$ の部分集合である．また，$(3\mathbb{Z},+)$ は定理 9.1 を満たすことは容易にわかる．したがって，$(3\mathbb{Z},+)$ は $(\mathbb{Z},+)$ の真部分群である．

$(G,+)$ を可換群，$(H,+)$ をその部分群とする．このとき，$a,b\in G$ に対し $a-b\in H$ なら，$a\sim b$ と書く．すると，$\sim$ は $G$ 上の同値関係になっているので，$G$ は同値類に分割されることになる．すなわち，$a\sim b$ となるような $b$ の集合を $a+H$，$c\sim d$ となるような $d$ の集合を $c+H$，$\cdots$ と書く．すると，

$$G=H\cup(a+H)\cup(c+H)\cup\cdots$$

が成り立つことになる．

さて，$b\in(a+H)$ であるなら，$a\sim b$ なので $a-b\in H$．よって，ある $h\in H$ に対し $a-b=h$ と書ける．したがって，$b=a-h=a+(-h)$ である．$a+H$ は，このような $b=a+(-h)$ の集合なので，

$$a+H=\{a+h\,|\,h\in H\} \tag{9.3}$$

である．ここで，$a+H$ は $a$ を含む $(H,+)$ の**剰余類**と呼ばれる．また，$a$ はその剰余類の**代表元**と呼ばれる．

たとえば，$\mathbb{Z}$ は，$3\mathbb{Z}$，$1+3\mathbb{Z}$，$2+3\mathbb{Z}$ の 3 つの同値類に分割される．すなわち，

$$\mathbb{Z}=3\mathbb{Z}\cup(1+3\mathbb{Z})\cup(2+3\mathbb{Z})$$

ただし，

$$1 + 3\mathbb{Z} = \{1 + h \,|\, h \in 3\mathbb{Z}\}$$
$$2 + 3\mathbb{Z} = \{2 + h \,|\, h \in 3\mathbb{Z}\}$$

ここで，$1 + 3\mathbb{Z}$ は 1 を含む $(3\mathbb{Z}, +)$ の剰余類であり，1 はその代表元である．また，$2 + 3\mathbb{Z}$ は 2 を含む $(3\mathbb{Z}, +)$ の剰余類であり，2 はその代表元である．0 は，$3\mathbb{Z}$ の代表元である．

**定理 9.2**

有限な可換群 $(G, +)$ において，その部分群 $(H, +)$ の任意の 2 つの剰余類は，同じ要素数を有する．

**[証明]** 任意の $a \in G$ に対し，$|H| = |a + H|$ を示せば十分である．これは，$a + H$ の定義式 (9.3) より明らかである． ■

**定理 9.3**

$(H, +)$ が有限な可換群 $(G, +)$ の部分群であるとき，$|H|$ は $|G|$ を割り切る．

**[証明]** 定理 9.2 および，$G$ は剰余類に分割されることから，明らかである． ■

以上の議論は，乗法群 $(G, \cdot\,)$ についても同様に成り立つ．

### 9.1.3 準同型写像と同型写像

2 つの可換群 $(G, +)$, $(G', +)$ について，写像 $f : G \to G'$ を考える．任意の $a, b \in G$ に対し，

$$f(a + b) = f(a) + f(b)$$

が成り立つとき，$f$ は**準同型写像**と呼ばれる．さらに，$f$ が全単射の場合，$f$ は**同型写像**と呼ばれる．このとき，$G$ と $G'$ は**同型**であるといい，$G \simeq G'$ と書く．さらに，$G = G'$ のとき，$f$ は $G$ の**自己同型写像**といわれる．

たとえば，2 つの可換群 $(\mathbb{Z}, +)$, $(G, +)$ について考える．$a \in G$ を任意に固定する．このとき，$z \in \mathbb{Z}$ に対し $f(z) = za$ となる写像を $f : \mathbb{Z} \to G$ とすると，

$$f(z + z') = (z + z')a = za + z'a = f(z) + f(z')$$

なので，$f$ は準同型写像である（$za$ については，式 (9.1) 参照）．

以上の議論は，乗法群 $(G, \cdot\,)$ についても同様に成り立つ．

### 9.1.4 巡回群

可換な加法群 $(G, +)$ において，$a \in G$ に対し，

$$\langle a \rangle = \{a, 2a, 3a, \cdots\}$$

と定義する（式 (9.1) 参照）．すると，$(\langle a \rangle, +)$ は $(G, +)$ の部分群となる．このとき，$(\langle a \rangle, +)$ は，$a$ によって生成される部分群と呼ばれる．また，$\langle a \rangle$ の要素数を $a$ の**位数**という．

ある $a \in G$ に対し，$G = \langle a \rangle$ となるとき，$(G, +)$ は**巡回群**と呼ばれる．また，このとき，$a$ は $G$ の**生成元**と呼ばれる．

同様に，可換な乗法群 $(G, \cdot\,)$ において，$a \in G$ に対し，

$$\langle a \rangle = \{a, a^2, a^3, \cdots\}$$

と定義する（式 (9.2) 参照）．すると，$(\langle a \rangle, \cdot\,)$ は $(G, \cdot\,)$ の部分群となる．このとき，$(\langle a \rangle, \cdot\,)$ は，$a$ によって生成される部分群と呼ばれる．また，$\langle a \rangle$ の要素数を $a$ の**位数**という．ある $a \in G$ に対し，$G = \langle a \rangle$ となるとき，$(G, \cdot\,)$ は**巡回群**と呼ばれる．また，このとき，$a$ は $G$ の生成元と呼ばれる．

有限な可換群 $(G, +)$ において，$a \in G$ の位数を $n$ とすると，

$$\langle a \rangle = \{a, 2a, 3a, \cdots, na = 0\}$$

となる．同様に，有限な可換群 $(G, +)$ において，$a \in G$ の位数を $n$ とすると，

$$\langle a \rangle = \{a, a^2, a^3, \cdots, a^n = 1\}$$

となる．すなわち，$a$ は $n$ 乗して初めて 1 になる．

$G$ の要素数 $|G|$ を，群 $(G, *)$ の**位数**という．

**定理 9.4**

有限な可換群 $(G, +)$ において，$a \in G$ の位数は，$|G|$ を割り切る．同様に，有限な可換群 $(G, \cdot\,)$ において，$a \in G$ の位数は，$|G|$ を割り切る．

**[証明]** 定理 9.3 より明らかである． ■

**定理 9.5**

位数が $n$ の巡回群 $(G, +)$ は，$Z_n$ に同型である．

**[証明]**　$G$ の生成元を $a$ とする．このとき，$z \in Z_n$ に対し $f(z) = za$ となる写像を $f : Z_n \to G$ とすると，

$$f(z + z') = (z + z')a = za + z'a = f(z) + f(z')$$

なので，$f$ は準同型写像である．また，

$$\langle a \rangle = \{a, 2a, \cdots, (n-1)a, 0a = 0\}$$

なので，$f$ は全単射である．ゆえに，$(G, +)$ は $Z_n$ に同型である．■

$p$ を素数としたとき，$(Z_p^*, \cdot\,)$ は巡回群である．また，その生成元 $g \in Z_p^*$ は，**原始元**と呼ばれる．$g$ の位数は $|Z_p^*| = p - 1$ なので，$g$ は $p - 1$ 乗して初めて 1 になる．

さらに，$p - 1 = 2q$，ただし $q$ も素数，と仮定すると，$p - 1$ の約数は，$1, 2, q, 2q = p - 1$ である．したがって，任意の $a \in Z_p^*$ の位数は，$1, 2, q, 2q = p - 1$ のいずれかである．したがって，$g \in Z_p^*$ が原始元である必要十分条件は，定理 9.4 より

$$g \neq 1$$
$$g^2 \neq 1 \pmod{p}$$
$$g^q \neq 1 \pmod{p}$$

の全てが成り立つことである．これを利用すると，以下のようにして原始元を求めることができる．

(1)　Choose $g \in Z_p^*$ randomly.
(2)　While $g = 1$ or $g^2 = 1 \pmod{p}$ or $g^q = 1 \pmod{p}$,
　　choose $g \in Z_p^*$ randomly.
(3)　Output $g$.

**● コラム ●**

16 世紀中頃までに，4 次方程式に対しては，解の公式が得られていた．しかし，5 次以上の方程式については，解の公式が存在するのかどうか，わかっていなかった．

19 世紀になって，アーベルにより 5 次以上の方程式には解の公式が存在しないことが示された．その後，ガロアは，解についての置換群を用いて代数方程式の研究を行った．群の概念は，この研究の中で，初めてはっきりとその姿を現すこととなった．

## 9.2 環

集合 $R$ が 2 つの演算 $+, \cdot$ について閉じており，以下の性質が成り立つとき，$(R, +, \cdot\,)$ を**環**という．

(1) $(R, +)$ は可換な加法群である．

(2) 任意の $a, b, c \in R$ に対し，$a \cdot (b \cdot c) = (a \cdot b) \cdot c$ が成り立つ．

(3) **分配律**が成り立つ．すなわち，任意の $a, b, c \in R$ に対し，

$$(a + b) \cdot c = a \cdot c + b \cdot c$$

$$c \cdot (a + b) = c \cdot a + c \cdot b$$

が成り立つ．

例 9.2 ● たとえば，$(\mathbb{Z}, +, \cdot\,)$ は環である．特に，これを整数環という．

- 有理数の集合 $\mathbb{Q}$，実数の集合 $\mathbb{R}$，あるいは複素数の集合 $\mathbb{C}$ は，それぞれ通常の $+, \cdot$ について環をなす．
- $n$ を正の整数とするとき，$(Z_n, +, \cdot\,)$ は環である．ただし，$+, \cdot$ は $\bmod\ n$ における加算，乗算を表す．
- 閉区間 $[a, b]$ で定義されるすべての実数値連続関数のなす集合 $C[a, b]$ は環をなす．関数 $f(x)$ および $g(x)$ の和と積は，次のような値をとる関数として定義される．

$$(f + g)(x) = f(x) + g(x)$$

$$(f \cdot g)(x) = f(x)g(x)$$

□

さらに，$a \cdot b = b \cdot a$ が成り立つとき，**可換環**という．また，$\cdot$ に関する単位元 1 が存在するとき，**単位的環**という．上記の環は全て，単位的可換環である．

環 $R$ において，$x \neq 0, y \neq 0$ であって，かつ $x \cdot y = 0$ となる $x, y$ を**零因子**という．たとえば，環 $(Z_6, +, \cdot)$ において，

$$2 \cdot 3 = 6 = 0 \pmod 6$$

である．したがって，2, 3 は**零因子**である．

零因子の存在しない環を**整域**という．整数環は整域である．環 $(Z_5, +, \cdot\,)$ も整域である．

## 9.3　体

任意の非零の元に対し乗法逆元が存在するような単位的可換環を体という．すなわち，以下の性質が成り立つとき，$(F, +, \cdot\,)$ を**体**という．

(1)　$(R, +)$ は可換な加法群である（この単位元は 0）．
(2)　任意の $a, b, c \in F$ に対し，$a \cdot (b \cdot c) = (a \cdot b) \cdot c$ が成り立つ．
(3)　分配律が成り立つ．
(4)　任意の $a, b \in F$ に対し，$a \cdot b = b \cdot a$ が成り立つ．
(5)　$\cdot$ に関する単位元 1 が存在する．
(6)　任意の $a \neq 0$ に対し，$a \cdot a' = a' \cdot a = 1$ となる $a \in F$ が存在する．

$(\mathbb{Q}, +, \cdot\,)$ を有理数体，$(\mathbb{R}, +, \cdot\,)$ を実数体，$(\mathbb{C}, +, \cdot\,)$ を複素数体という．これらは，要素数が無限大の体である．

これに対し，要素数が有限の体を**有限体**，あるいは**ガロア体**という．たとえば，$p$ を素数とするとき，$(Z_p, +, \cdot\,)$ は要素数が有限（$= p$）の体である．この体を $GF(p)$，あるいは $F_p$ と書く．実際，8.4 節の方法により，任意の $a \neq 0$ に対し $a^{-1} = 1/a \pmod p$ が求まる．

たとえば，5 は素数であるので，$(Z_5, +, \cdot\,)$ は体である．この体を $GF(5)$，あるいは $F_5$ と書く．実際，+ および · の演算表を書くと表 9.1, 9.2 のようになり，体の定義を満たしていることがわかる．

これに対し，$(Z_4, +, \cdot\,)$ は体ではない．以下の演算表 9.3 からわかるように，2 に対する乗法逆元が存在しないからである．

**表 9.1**

| + mod 5 | 0 | 1 | 2 | 3 | 4 |
|---|---|---|---|---|---|
| 0 | 0 | 1 | 2 | 3 | 4 |
| 1 | 1 | 2 | 3 | 4 | 0 |
| 2 | 2 | 3 | 4 | 0 | 1 |
| 3 | 3 | 4 | 0 | 1 | 2 |
| 4 | 4 | 0 | 1 | 2 | 3 |

**表 9.2**

| · mod 5 | 1 | 2 | 3 | 4 |
|---|---|---|---|---|
| 1 | 1 | 2 | 3 | 4 |
| 2 | 2 | 4 | 1 | 3 |
| 3 | 3 | 1 | 4 | 2 |
| 4 | 4 | 3 | 2 | 1 |

**表 9.3**

| · mod 4 | 1 | 2 | 3 |
|---|---|---|---|
| 1 | 1 | 2 | 3 |
| 2 | 2 | 0 | 2 |
| 3 | 3 | 2 | 1 |

$p$ を素数とし，有限体 $GF(p)$ の要素を係数とする多項式全体の集合を考える．最高次の係数が 1 の多項式を**モニック多項式**という．たとえば，$x^3+2x+3$ はモニック多項式である．また，$GF(p)$ 上で因数分解できない多項式 $f(x)$ を，$GF(p)$ 上で既約な多項式という．

$f(x)$ を $GF(p)$ 上で既約な $n$ 次のモニック多項式とする．多項式 $a(x)$ に対し，$a(x) \pmod{f(x)}$ を，$a(x)$ を $f(x)$ で割った余りの多項式と定義する．$F$ を，$n-1$ 次以下の多項式全体の集合とする．$a(x), b(x) \in F$ に対し，$a(x)+b(x)$ を $a(x)+b(x) \pmod{f(x)}$，$a(x)\cdot b(x)$ を $a(x)\times b(x) \pmod{f(x)}$ と定義する．すると，$(F,+,\cdot)$ は体となる．$F$ の要素数は $p^n$ なので，この体を $GF(p^n)$ と書き，$GF(p)$ の**拡大体**という．$GF(p)$ は**基礎体**と呼ばれる．任意の有限体は，基礎体，または拡大体と同型であることが知られている．

例を示そう．$x^2+x+1$ は，$GF(2)$ 上で既約な 2 次のモニック多項式である．$GF(2)$ の要素を係数とする 1 次以下の多項式全体の集合を $F$ とすると，

$$F = \{0, 1, x, x+1\}$$

である．この集合に対し，$+, \cdot$ の演算表を書くと以下のようになり，体の定義を満たしていることがわかる．この体は，$GF(2^2)$ である．

**表 9.4**

| $+ \bmod (x^2+x+1)$ | $0$ | $1$ | $x$ | $x+1$ |
|---|---|---|---|---|
| $0$ | $0$ | $1$ | $x$ | $x+1$ |
| $1$ | $1$ | $0$ | $x+1$ | $x$ |
| $x$ | $x$ | $x+1$ | $0$ | $1$ |
| $x+1$ | $x+1$ | $x$ | $1$ | $0$ |

**表 9.5**

| $\cdot \bmod (x^2+x+1)$ | $1$ | $x$ | $x+1$ |
|---|---|---|---|
| $1$ | $1$ | $x$ | $x+1$ |
| $x$ | $x$ | $x+1$ | $1$ |
| $x+1$ | $x+1$ | $1$ | $x$ |

# 9 章 の 問 題

□ **1**　$(\mathbb{Z}, -)$ は代数系であるが群ではない．なぜか．

□ **2**　$G$ を有限な長さのビット列の集合，$a * b$ を 2 つのビット列 $a, b$ の連接とする．このとき，$(G, *)$ は代数系であるが群ではない．なぜか．

□ **3**　群 $(G, *)$ においては，単位元は一意に定まることを示せ．

□ **4**　群 $(G, *)$ においては，任意の $a \in G$ の逆元は一意に定まることを示せ．

□ **5**　加法群 $(G, +)$，および整数 $m$ に対し，$mG = \{ma \mid a \in G\}$ と定義する．すると，$(mG, +)$ は $(G, +)$ の部分群となることを証明せよ．

□ **6**　乗法群 $(G, \cdot\,)$，および整数 $m$ に対し，$G^m = \{a^m \mid a \in G\}$ と定義する．すると，$(G^m, \cdot\,)$ は $(G, \cdot\,)$ の部分群となることを証明せよ．

□ **7**　$H_1, H_2$ が可換群 $(G, +)$ の部分群であるとき，

$$H_1 + H_2 = \{h_1 + h_2 \mid h_1 \in H_1, h_2 \in H_2\}$$

も部分群であることを示せ．

□ **8**　$f$ を $(G, +)$ から $(G', +)$ への準同型写像としたとき，以下が成り立つことを示せ．

(1)　$(G, +)$ の単位元を 0，$(G', +)$ の単位元を $0'$ としたとき，$f(0) = 0'$．

(2)　任意の $a \in G$ に対し，$f(-a) = -f(a)$．

□ **9**　巡回群 $(Z_5^*, \cdot\,)$ の生成元（原始元）を全て示せ．

□ **10**　巡回群 $(Z_7^*, \cdot\,)$ の生成元（原始元）を全て示せ．

□ **11**　位数が素数の可換群 $(G, \cdot\,)$ は，巡回群であることを示せ．

□ **12**　$(R, +, \cdot\,)$ を単位的可換環とする．このとき，以下が成り立つことを示せ．

(1)　任意の $a \in R$ に対し，$0 \cdot a = 0$．

(2)　任意の $a, b \in R$ に対し，$(-a) \cdot b = -(a \cdot b)$．

# 第10章

# RSA公開鍵暗号

1976 年，ディフィーとヘルマンによって公開鍵暗号という概念が生み出された．ついで，1978 年，リベスト，シャミア，エーデルマンによって，最初の公開鍵暗号である RSA 暗号が発明された．RSA 暗号は，インターネット等における情報セキュリティのためにすでに使用されている．その業績ゆえに，RSA の 3 人は，2002 年，計算機科学におけるノーベル賞といわれるチューリング賞を受賞している．本章では，RSA 暗号について解説する．


10.1　共通鍵暗号系
10.2　公開鍵暗号系
10.3　RSA 暗号
10.4　数値例

## 10.1　共通鍵暗号系

**暗号系**のモデルにおいては，送信者，受信者，および敵の 3 者が存在する．**共通鍵暗号系**のモデルにおいては，送信者と受信者は，あらかじめ**秘密鍵** $K$ を共有しておく．

(1)　送信者は，**平文**《ひらぶん》 $M$ を秘密鍵 $K$ により暗号化し，その**暗号文** $C$ を受信者に送る．

(2)　受信者は，$C$ を $K$ により復号し，$M$ を得る．

(3)　敵は，暗号文 $C$ を盗聴できる．しかし，秘密鍵 $K$ を知らないので，$C$ を解読できない（図 10.1 参照）．

シーザー暗号，ナチスドイツが使用したエニグマ暗号，旧日本軍が使用した紫暗号等，古典的な暗号は全てこのモデルに属する．

しかし，送信者と受信者がどうやって秘密鍵 $K$ を共有しておくのか，という鍵配送の問題が残る．

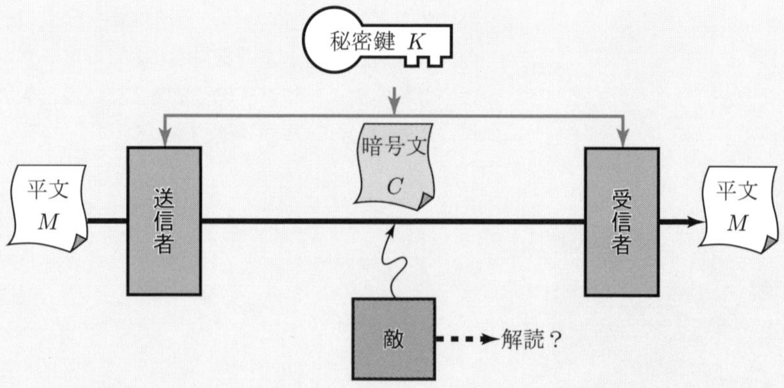


図 10.1　共通鍵暗号系

## 10.2　公開鍵暗号系

**公開鍵暗号系**においては，受信者は暗号化の鍵を公開してしまう．これによって，鍵配送の問題を解決できる．

(1)　受信者は，暗号化の鍵 $P_K$ と復号化の鍵 $S_K$ を生成し，$P_K$ を公開する．$S_K$ は秘密に保持する．

(2)　送信者は，平文 $M$ を**公開鍵** $P_K$ により暗号化し，その暗号文 $C$ を受信者に送る．

(3)　受信者は，$C$ を秘密の**復号鍵**（または**秘密鍵**）$S_K$ により復号し，$M$ を得る．

(4)　敵は，暗号文 $C$ を盗聴できる．しかし，公開鍵 $P_K$ から秘密鍵 $S_K$ を求めることができないので，$C$ を解読できない（図 10.2 参照）．

では，どうやって，公開鍵 $P_K$ から秘密鍵 $S_K$ を求めることができないような暗号系を構成すればいいのであろうか．

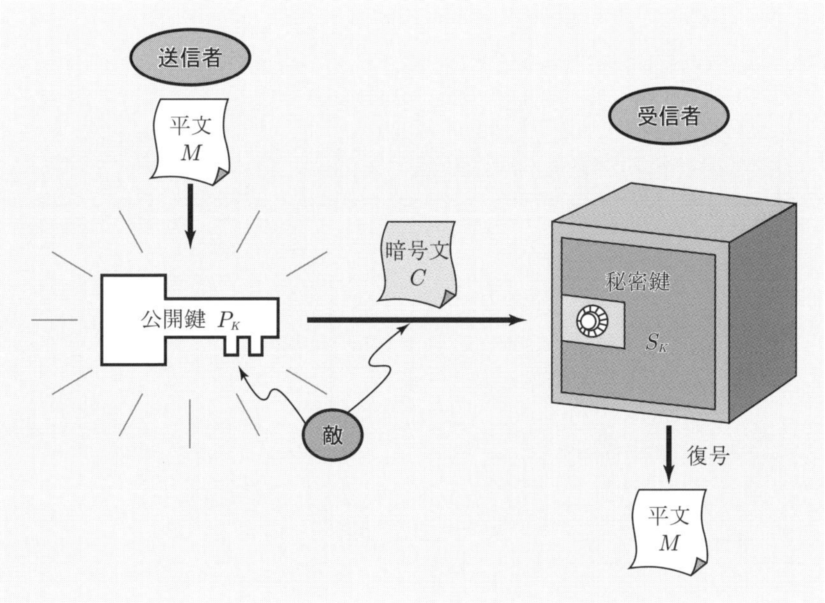


**図 10.2**　公開鍵暗号系

## 10.3　RSA　暗　号

**RSA 暗号**は，世界初の公開鍵暗号系である．同時に，現在，最もポピュラーな公開鍵暗号系でもある．この暗号系は，以下の 2 つの問題の計算量の落差を利用して構成されている．

- 大きな素数 $p, q$ から，その積 $N = pq$ を計算するのは簡単である．
- しかし，$N$ を素因数分解するのは難しい．実際，$N$ が 2048 ビット程度の大きさのとき，10 億年以上かかると信じられている．

**鍵生成アルゴリズム**

受信者は，以下のようにして公開鍵，および秘密鍵を生成する．

(1)　大きな素数 $p, q$ を生成し，その積 $N = pq$ を求める．

(2)

$$\gcd(e, (p-1)(q-1)) = 1$$

となる $e$ をランダムに選ぶ．

(3)　**拡張ユークリッドの互除法**により，

$$ed = 1 \pmod{(p-1)(q-1)} \tag{10.1}$$

となる $d$ を求める．

(4)　$(N, e)$ を公開鍵として公開し，$d$ を秘密鍵として秘密に保持する．

**暗号化アルゴリズム**

送信者は，公開鍵 $(N, e)$ を用い，平文 $M \in \{0, 1, \cdots, N-1\}$ から暗号文 $C$ を，以下のように計算する．

$$C = M^e \pmod{N}. \tag{10.2}$$

**復号アルゴリズム**

受信者は，秘密鍵 $d$ を用い，暗号文 $C \in \{0, 1, \cdots, N-1\}$ から平文 $M$ を，以下のように計算する．

$$M = C^d \pmod N. \tag{10.3}$$

敵は，公開鍵 $(N, e)$ を見ても，$p, q$ を求めることができない．したがって，式 (10.1) を満たす秘密鍵 $d$ を求めることができない．以上が，安全性の直観的な説明である．実は，解読が素因数分解と同程度に難しいかどうかはわかっていない．しかし，解読する効率のよいアルゴリズムは存在しない，と信じられている．これを，**RSA 仮定**という．

最後に，式 (10.3) が成り立つ理由を説明しよう．式 (10.1) より，

$$ed = 1 + k(p-1)(q-1)$$

となる整数 $k$ が存在する．すると，mod $p$ において，以下が成り立つ．

$$\begin{aligned} C^d &= (M^e)^d \pmod p \\ &= M^{1+k(p-1)(q-1)} \pmod p \\ &= M \cdot M^{k(p-1)(q-1)} \pmod p \\ &= M \pmod p \end{aligned}$$

最後の等号は，フェルマーの小定理（8.5 節）により成り立つ．よって，

$$C^d - M = 0 \pmod p$$

同様にして，

$$C^d - M = 0 \pmod q$$

が成り立つ．これは，$C^d - M$ が，$p$ かつ $q$ で割り切れることを示している．また，$p, q$ は互いに素であるから，$C^d - M$ は $pq$ で割り切れる．ゆえに，

$$\begin{aligned} C^d - M &= 0 \pmod{pq} \\ C^d &= M \pmod N \end{aligned}$$

## 10.4　数　値　例

**鍵生成**：　$p = 11$，$q = 17$ とすると，

$$N = pq = 11 \times 17 = 187$$

また，

$$(p-1)(q-1) = 10 \times 16 = 160$$

ここで，$e = 3$ とすると，

$$\gcd(160, 3) = 1.$$

次に，

$$ed = 1 \ (\mathrm{mod}\ (p-1)(q-1))$$

となる $d$ を求める．すなわち，

$$3d = 1 \ (\mathrm{mod}\ 160)$$

となる $d$ を求める．拡張ユークリッドの互除法を $(160, 3)$ に適用すると，

$$d = 107$$

と求まる．最後に，公開鍵を

$$(N, e) = (187, 3)$$

秘密鍵を

$$d = 107$$

とする．

**暗号化**：　平文 $m = 7$ を暗号化すると，暗号文 $C$ は，

$$\begin{aligned} C &= m^e \ (\mathrm{mod}\ N) \\ &= 7^3 \ (\mathrm{mod}\ 187) \\ &= 156 \end{aligned}$$

となる．

**復号化**：　暗号文 $C = 156$ を復号すると，

$$\begin{aligned} m &= C^d \pmod N \\ &= 156^{107} \pmod{187} \\ &= 7 \end{aligned}$$

となる．

**● コラム ●**

$$ed = 1 \pmod{(p-1)(q-1)}$$

ではなく

$$ed = 1 \pmod{\mathrm{lcm}(p-1, q-1)}$$

となるように $e, d$ を選んでもよい．

ここで，lcm は最小公倍数を表す．$p = 11$，$q = 17$ の場合，

$$\mathrm{lcm}(p-1, q-1) = \mathrm{lcm}(10, 16) = 80$$

である．$e = 3$ とすると

$$\gcd(e, \mathrm{lcm}(p-1, q-1)) = \gcd(3, 80) = 1.$$

拡張ユークリッドの互除法を $(80, 3)$ に適用して

$$3d = 1 \pmod{80}$$

となる $d$ を求めると，

$$d = 27$$

$m = 7$ を暗号化すると，暗号文 $c$ は

$$\begin{aligned} c &= m^e \pmod N \\ &= 7^3 \pmod{187} \\ &= 156 \end{aligned}$$

$c = 156$ を復号すると

$$\begin{aligned} m &= c^d \pmod N \\ &= 156^{27} \pmod{187} \\ &= 7 \end{aligned}$$

となる．

# 10 章の問題

□ **1**　$3d = 1 \pmod{160}$ となる $d$ を求めよ．

□ **2**　$p = 11$, $q = 17$ のとき，$e = 5$ は公開鍵の条件を満たすか．また，満たすなら，$d$ を求めよ．

□ **3**　$p = 11$, $q = 17$ のとき，$e = 7$ は公開鍵の条件を満たすか．また，満たすなら，$d$ を求めよ．

# 第11章

# 数え上げ

5個の数字 $1, 2, 3, 4, 5$ から2桁の数字を作るとき，何通りの数ができるだろうか．白の碁石を3個と黒の碁石を2個並べる並べ方は，全部で何通りあるだろうか．バナナ，みかん，りんごの3種類の果物をあわせて5個買う場合，何通りの組合わせが考えられるだろうか．本章では，このような場合の数を数え上げてみる．これは，次章で学ぶ確率の基礎となる．


11.1　順列と組合わせ

11.2　2項係数

11.3　重複順列と重複組合わせ

11.4　包除原理

11.5　鳩の巣原理

## 11.1 順列と組合わせ

### 11.1.1 順列

2006年度サッカー・ワールドカップにおいて，日本 (J) は，オーストラリア (A)，ブラジル (B)，クロアチア (C) と予選リーグを戦った．この4カ国の成績（順位）は，以下の24通りのうちのどれかとなる．

$$\mathrm{ABCJ},\ \mathrm{ABJC},\ \cdots,\ \mathrm{JCBA}.$$

このように，有限集合 $A$ の全ての要素を並べることによって得られる列のことを**順列** (permutation) という．$|A| = n$ のとき，集合 $A$ の順列は，全部で

$$n! = n \times (n-1) \times \cdots \times 2 \times 1$$

通り存在する．最初の要素の選び方は $n$ 通り，2番目の要素の選び方は $n-1$ 通り，$\cdots$，であるからである．また，

$$0! = 1$$

と定義する．

### 11.1.2 *k*-順列

上の例において，上位2チームが2次リーグに進出できる．このとき，4チームのうち，1位，2位の組合わせは以下の12通りの可能性があることがわかる．

$$\mathrm{JA},\ \mathrm{JC},\ \mathrm{JB},\ \mathrm{AJ},\ \mathrm{AC},\ \mathrm{AB},\ \mathrm{CJ},\ \mathrm{CA},\ \mathrm{CB},\ \mathrm{BJ},\ \mathrm{BA},\ \mathrm{BC}.$$

このように，有限集合 $A$ の $k$ 個の要素を並べることによって得られる列のことを ***k*-順列** ($k$-permutation) という．$|A| = n$ のとき，集合 $A$ の $k$-順列は，全部で

$$\begin{aligned} {}_n\mathrm{P}_k &= n \times (n-1) \times \cdots \times (n-k+1) \\ &= \frac{n!}{(n-k)!} \end{aligned}$$

通り存在する．

### 11.1.3 組合わせ

上記の例において1位，2位の順番を無視し，単に上位2チームだけを考える場合は，以下の6通りの可能性があることがわかる．

$$\text{JA, JC, JB, AC, AB, CB.}$$

$|A| = n$ のとき，集合 $A$ から $k$ 個の要素を選ぶ選び方（**組合わせ**）は，全部で

$$ {}_n\mathrm{C}_k = \frac{{}_n\mathrm{P}_k}{k!} = \frac{n!}{k! \times (n-k)!} \tag{11.1}$$

通り存在する．各 $k$ 個の組合わせに対し，それらの順列が $k!$ 通り存在するからである．

### 11.1.4 円順列

$n$ 個のものを円形に並べる並べ方を，**円順列**といい，この並べ方は $(n-1)!$ 通りになる．なぜなら，まず $\{a_1, a_2, \cdots, a_n\}$ を単に並べる並べ方は $n!$ 通り．これには，まわせば重なるものが $n$ 通りずつ含まれているので，

$$n! \div n = (n-1)! \quad \text{通り}$$

となる．図で表すと次のようになる．

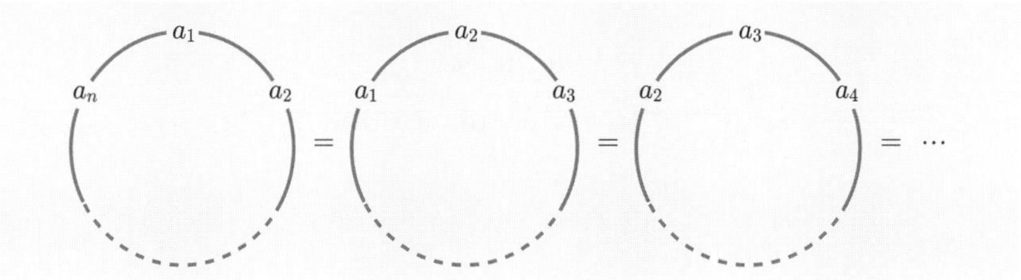


図 11.1

**例 11.1**　6人が円型に並べられたイスに座る場合を考えよう．$n = 6$ であるから，$n - 1 = 5$．したがって，この並べ方の数は

$$5! = 120$$

120通りとなる．　□

## 11.2 2 項 係 数

$(x+y)^n$ を $n=0,1,2,\cdots$ について展開すると，以下のようになる．

$$(x+y)^0 = 1$$
$$(x+y)^1 = x+y$$
$$(x+y)^2 = x^2+2xy+y^2$$
$$(x+y)^3 = x^3+3x^2y+3xy^2+y^3$$
$$(x+y)^4 = x^4+4x^3y+6x^2y^2+4xy^3+y^4$$
$$(x+y)^5 = x^5+5x^4y+10x^3y^2+10x^2y^3+5xy^4+y^5$$
$$(x+y)^6 = x^6+6x^5y+15x^4y^2+20x^3y^3+15x^2y^4+6xy^5+y^6$$

右辺の係数のみを並べて書いてみると，以下のような 3 角形が得られる．これを**パスカルの 3 角形**という．

1

1 1

1 2 1

1 3 3 1

1 4 6 4 1

1 5 10 10 5 1

1 6 15 20 15 6 1

一般に，

$$(x+y)^n = \sum_{k=0}^{n} \binom{n}{k} x^k y^{n-k} \tag{11.2}$$

と書き，$\binom{n}{k}$ を **2 項係数**と呼ぶ．パスカルの 3 角形より以下の公式が成り立つことがわかる．

**定理 11.1**

(1) $\binom{n}{0} = \binom{n}{n} = 1.$　(2) $\binom{n}{n-k} = \binom{n}{k}.$

(3) $\binom{n}{k} = \binom{n-1}{k-1} + \binom{n-1}{k}.$

また，2 項係数 $\binom{n}{k}$ は以下のように表すことができる．

**定理 11.2**

$$\binom{n}{k} = \frac{n!}{k!\,(n-k)!}$$

**[証明]**　数学的帰納法で証明する．$n = 1$ のときは，明らかに成り立つ．$n - 1$ に対し定理が成り立つと仮定すると，

$$\binom{n-1}{k} = \frac{(n-1)!}{k!\,(n-k-1)!}$$

$$\binom{n-1}{k-1} = \frac{(n-1)!}{(k-1)!\,(n-k)!}$$

が成り立つ．これと定理 11.1 (3) より，

$$\binom{n}{k} = \frac{(n-1)!}{k!\,(n-k-1)!} + \frac{(n-1)!}{(k-1)!\,(n-k)!}.$$

右辺を通分して計算すると，定理が得られる．■

式 (11.2) に $x = y = 1$ を代入すると，以下の公式が得られ，

$$\sum_{k=0}^{n} \binom{n}{k} = 2^n.$$

$x = -1$, $y = 1$ を代入すると，以下の公式が得られる．

$$\sum_{k=0}^{n} (-1)^k \binom{n}{k} = 0.$$

最後に，式 (11.1) より，${}_n\mathrm{C}_k = \binom{n}{k}$ であることがわかる．

### 11.2.1 階乗の近似

$n!$ について，以下の下界と上界が成り立つ．

$$\sqrt{2\pi n}\left(\frac{n}{e}\right)^n \leq n! \leq \sqrt{2\pi n}\left(\frac{n}{e}\right)^{n+(1/12n)}$$

ただし，$e = 2.71828\cdots$ は自然対数の底である．これより，以下の近似式が成り立つ．これを，**スターリングの近似公式**という．

$$n! \approx \sqrt{2\pi n}\left(\frac{n}{e}\right)^n$$

たとえば，$n = 20$ とすると，

$$n! = 2{,}432{,}902{,}008{,}176{,}640{,}000$$

$$\sqrt{2\pi n}\left(\frac{n}{e}\right)^n = 2{,}422{,}819{,}440{,}863{,}530{,}035$$

となり，かなり良い近似であることがわかる．

### 11.2.2 2項係数の上界と下界

2項係数に対し，以下の下界が成り立つ．

$$\begin{aligned}\binom{n}{k} &= \frac{n(n-1)\cdots(n-k+1)}{k(k-1)\cdots 1} \\ &= \left(\frac{n}{k}\right)\left(\frac{n-1}{k-1}\right)\cdots\left(\frac{n-k+1}{1}\right) \\ &\geq \left(\frac{n}{k}\right)^k\end{aligned}$$

また，$k = \lambda n$ とおくと，以下の上界が成り立つ．

$$\binom{n}{k} \leq 2^{nH(\lambda)}$$

ただし，

$$H(\lambda) = -\lambda\log_2\lambda - (1-\lambda)\log_2(1-\lambda).$$

# 11.3　重複順列と重複組合わせ

## 11.3.1　重複順列

白の碁石を 3 個と黒の碁石を 2 個並べる並べ方は，全部で

$$\frac{5!}{3! \times 2!}$$

通りある．なぜなら，5 個の碁石を並べる並べ方は全部で 5! 通り存在するが，白の碁石を入れ替えたもの（3! 通りある）と黒の碁石を入れ替えたもの（2! 通りある）は，同一のものだからである（図 11.2）．一般に，以下の定理が成り立つ．

**定理 11.3**

第 1 種のものが $n_1$ 個，第 2 種のものが $n_2$ 個，$\cdots$，第 $q$ 種のものが $n_q$ 個ある場合，それらを並べる並べ方（**重複順列**）は，全部で

$$\frac{(n_1 + n_2 + \cdots + n_q)!}{n_1!n_2!\cdots n_q!}$$

通り存在する．

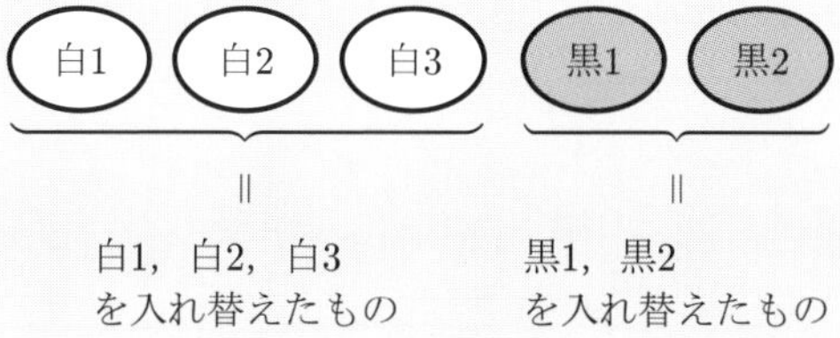


**図 11.2**　重複順列の説明

## 11.3.2　重複組合わせ

$|A| = n$ のとき，集合 $A$ から $k$ 個の要素を選ぶ選び方は，全部で ${}_n\mathrm{C}_k$ 通り存在するのであった．これに対し，$n$ 個の中から重複を許して $k$ 個を選ぶ選び方（**重複組合わせ**）の総数を ${}_n\mathrm{H}_k$ と書くことにする．

たとえば，$n = 2$ 種類のボール $A$，$B$ があり，これらから $k = 3$ 個を取り出す取り出し方は，

$$\{AAA\},\quad \{AAB\},\quad \{ABB\},\quad \{BBB\}$$

の 4 通りである．したがって，

$$ {}_2\mathrm{H}_3 = 4 $$

となる．

ここで，$A$ と $B$ の間に仕切り $Y$ を入れ，$A, B$ を $X$ と書くと，以下のように書ける．

$$ XXXY, \quad XXYX, \quad XYXX, \quad YXXX $$

これより，

$$ n-1 = 2-1 = 1 $$

個の仕切り $Y$ を，

$$ k + (n-1) = 3 + (2-1) = 4 $$

個の位置のどこに置くか，という置き方の問題と同じであることがわかる（図 11.3）．このとき

$$ {}_2\mathrm{H}_3 = 4 = \binom{4}{1}. $$

一般に，以下の定理が成り立つ．

**定理 11.4**

$$ {}_n\mathrm{H}_k = \binom{n+k-1}{k} $$

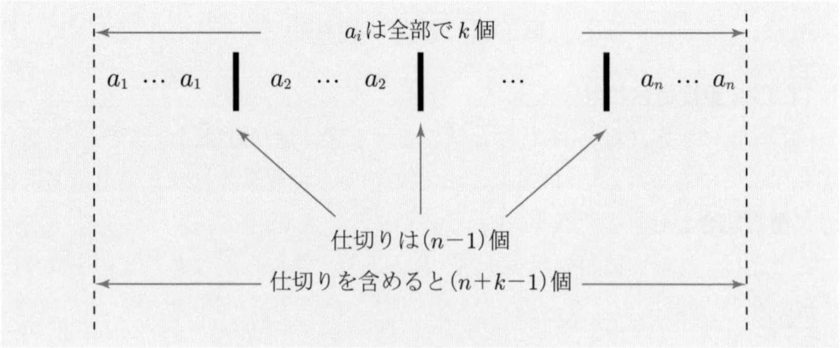


図 11.3　重複組合わせの説明

## 11.4 包 除 原 理

2 つの集合 $A_1, A_2$ に対し,

$$|A_1 \cup A_2| = |A_1| + |A_2| - |A_1 \cap A_2|$$

が成り立つのであった（図 11.4 参照）．一般に，以下の定理が成り立つ．これを**包除原理**と呼ぶ．

**定理 11.5**

$n$ 個の集合 $A_1, A_2, \cdots, A_n$ に対し,

$$\begin{aligned}|A_1 \cup A_2 \cup \cdots \cup A_n| = &\sum_{i=1}^{n} |A_i| - \sum_{1 \leq i < j \leq n} |A_i \cap A_j| \\ &+ \sum_{1 \leq i < j < k \leq n} |A_i \cap A_j \cap A_k| + \cdots \\ &+ (-1)^{n-1} |A_1 \cap A_2 \cap \cdots \cap A_n|\end{aligned}$$

たとえば,

$$\begin{aligned}|A_1 \cup A_2 \cup A_3| = &|A_1| + |A_2| + |A_3| - |A_1 \cap A_2| - |A_1 \cap A_3| - |A_2 \cap A_3| \\ &+ |A_1 \cap A_2 \cap A_3| \qquad (11.3)\end{aligned}$$

である（図 11.5 参照）．

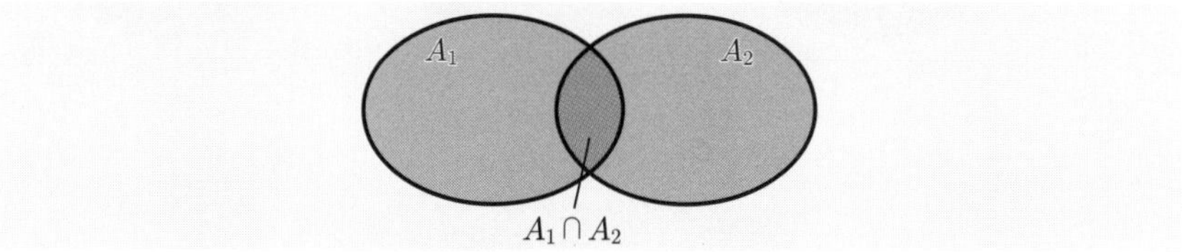


**図 11.4** $|A_1 \cup A_2| = |A_1| + |A_2| - |A_1 \cap A_2|$

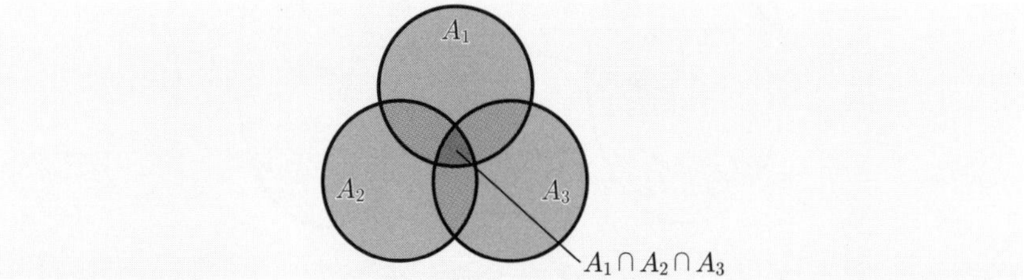


**図 11.5** $|A_1 \cup A_2 \cup A_3|$

## 11.5 鳩の巣原理

4羽の鳩を3個の巣に入れようとすると，2羽入る巣が少なくとも1つは存在する（図11.6参照）．これを**鳩の巣原理**と呼ぶ．

これをもう少し形式的に記述すると，以下の定理が成り立つ．

**定理 11.6**

$|X| > |Y|$ なる2つの有限集合 $X, Y$ に対し，$X$ から $Y$ への写像 $f$ を考える．このとき，$f(a) = f(b)$ となる $a, b \in X$ が，任意の写像 $f$ に対し存在する（図11.7参照）．

**例 11.2** (1) 1年が365日だとする．このとき，366人集まると，誕生日が一致するペアが必ず存在する．

(2) 13人集まると，誕生月が一致するペアが必ず存在する． □

図 11.6 鳩の巣原理

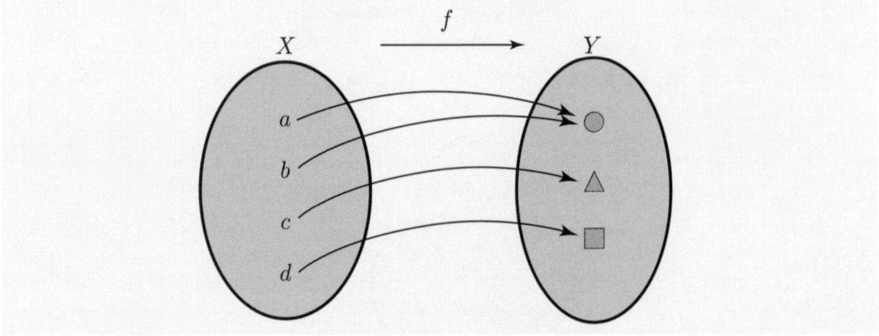


図 11.7 定理 11.6

# 11 章の問題

□**1**　8 人の学生が試験を受けるとき，1 位から 3 位までの順位を出すとすると，何通りの順番があるか（同点はないものとする）.

□**2**　5 個の数字 1, 2, 3, 4, 5 から 2 桁の数字を作るとき，何通りの数ができるか.

□**3**　7 人の構成員から 4 人のメンバーを選んで委員会を作るとき，何通りのメンバー構成が考えられるか.

□**4**　8 問中 5 問を選んで答える試験がある．問題の選び方は何通りあるか.

□**5**　次の単語のアルファベットを並べ替えて順列を作る場合，何通りあるか.

(1)　APPLE　　(2)　BASEBALL　　(3)　COFFEE

□**6**　バナナ，みかん，りんごの 3 種類の果物をあわせて 5 個買う場合，何通りの組合わせが考えられるか.

□**7**　1 と 100 の間に，2,3,5 のいずれかで割り切れる整数は何個あるか.

□**8**　5 人いたら，そのうち少なくとも 2 人は同じ血液型であることを示せ.

□**9**　長さ 10 のビット列を 5 個集めると，先頭の 2 ビットが一致するペアが必ず存在することを示せ.

# 第12章

# 確　　率

確率は，ギャンブル等，多くの分野において重要である．本章では，有限集合上の確率について説明し，さらに暗号理論への一応用について述べる．暗号の世界においては，破られる確率をある小さな値以下にするには鍵の長さを何ビット以上にすればよいかが重要になる．このように，暗号理論においては，確率という概念は決定的に重要となる．もちろん，その他の多くの分野においても確率が重要であるのはいうまでもない．


12.1　確率とは
12.2　条件付き確率
12.3　確率変数
12.4　メッセージ認証
12.5　長いメッセージの場合

## 12.1 確 率 と は

さいころを振ると，1 から 6 のうちのいずれかが確率 1/6 で出る．このとき，集合 $U = \{1,2,3,4,5,6\}$ を**標本空間**，

$$Pr(1) = Pr(2) = \cdots = Pr(6) = \frac{1}{6} \tag{12.1}$$

となる関数 $Pr$ を**確率関数**と呼ぶ．以下の性質が成り立っていることに注意しよう．

(1)　$i = 1, \cdots, 6$ に対し，$Pr(i) \geq 0$.

(2)　$Pr(1) + \cdots + Pr(6) = 1$.

一般に，有限集合 $U$ 上の確率は，以下のように定義される．

**定義 12.1**

以下の性質が成り立つとき，(標本空間 $U$，確率関数 $Pr$）の組を**確率分布**と呼ぶ.

(1)　各 $u \in U$ に対し，$Pr(u) \geq 0$.

(2)　$\displaystyle\sum_{u \in U} Pr(u) = 1$.

たとえば，集合 $U = \{1,2,3,4,5,6\}$ に対し，

$$Pr(1) = \frac{1}{2}, \quad Pr(2) = \cdots = Pr(6) = \frac{1}{10}$$

となる確率関数 $Pr$ も定義 12.1 を満たすので，このような $(U, Pr)$ も確率分布である．これに対し，式 (12.1) が成り立つような確率分布を**一様分布**と呼ぶ．

**定義 12.2**

各 $u \in U$ に対し，

$$Pr(u) = \frac{1}{|U|}$$

が成り立つ確率分布 $(U, Pr)$ を**一様分布**と呼ぶ.

標本空間 $U$ の部分集合 $A \subset U$ を，**事象**と呼ぶ.

**定義 12.3**

標本空間 $U$ の部分集合 $A$ を**事象**と呼び,

$$Pr(A) = \sum_{u \in A} Pr(u)$$

と定義する.

たとえば, 標本空間 $U = \{1, 2, 3, 4, 5, 6\}$ の部分集合 $A = \{1, 2\}$ が起こる確率は,

$$Pr(A) = Pr(1) + Pr(2) = \frac{1}{3}$$

である.

事象 $A$ の補集合 $\overline{A}$ は**余事象**と呼ばれ,

$$Pr(\overline{A}) = 1 - Pr(A)$$

である. また, 2 つの部分集合 $A, B \subseteq U$ に対し,

$$|A \cup B| = |A| + |B| - |A \cap B|$$

が成り立つので, 確率においても同様に,

$$\begin{aligned} Pr(A \cup B) &= Pr(A) + Pr(B) - Pr(A \cap B) \\ &\leq Pr(A) + Pr(B) \end{aligned}$$

が成り立つ.

**例 12.1** 2 枚のコインを投げて, 表が出る事象を $A$, 裏が出る事象を $B$ で表すとする. 標本空間として, $U = \{AA, AB, BA, BB\}$ が成り立つ. $AA$ は, 2 枚とも表が出たことを表し, $AB$ は, 1 回目は表, 2 回目は裏が出たことを表す. 少なくとも 1 回は表が出る事象は, $\{AA, AB, BA\}$ であり, その余事象は $\{BB\}$ となる. □

## 12.2 条件付き確率

標本空間 $U$ の事象 $B$ に関し，$u \in U$ の**条件付き確率**を以下のように定義する．

$$Pr(u \mid B) = \frac{Pr(u)}{Pr(B)} \quad \text{if} \quad u \in B$$
$$Pr(u \mid B) = 0 \quad \text{if} \quad u \notin B$$

事象 $A \subseteq U$ の条件付き確率は，以下のように定義される．

$$Pr(A \mid B) = \sum_{u \in A} Pr(u \mid B) = \frac{Pr(A \cap B)}{Pr(B)}$$

これより，

$$Pr(A \cap B) = Pr(A \mid B) \cdot Pr(B) \tag{12.2}$$

が成り立つ．

さて，標本空間 $U$ が $n$ 個の事象 $B_1, \cdots, B_n$ に分割されると仮定する．すると，任意の事象 $A$ に対し，

$$\begin{aligned} Pr(A) &= \sum_{i=1}^{n} Pr(A \cap B_i) \\ &= \sum_{i=1}^{n} Pr(A \mid B_i) Pr(B_i) \end{aligned}$$

が成り立つ．さらに，$Pr(A) \neq 0$ であれば，

$$\begin{aligned} Pr(B_j \mid A) &= \frac{Pr(A \cap B_j)}{Pr(A)} \\ &= \frac{Pr(A \mid B_j) \cdot Pr(B_j)}{\sum_{i=1}^{n} Pr(A \mid B_i) Pr(B_i)} \end{aligned}$$

が成り立つ．これを，**ベイズの定理**という．

ベイズの定理は，$Pr(B_j \mid A)$ の計算は難しいが $Pr(A \mid B_i)$ の計算は易しい場合，役に立つ定理である．

## 12.3 確率変数

標本空間 $U$ から実数の集合への写像 $X : U \to \mathbb{R}$ を，**確率変数**という．実数 $x$ に対し，$U$ の部分集合 $\{u \in U \mid X(u) = x\}$ を事象 $X = x$ で表す．したがって，

$$Pr(X = x) = \sum_{u:X(u)=x} Pr(u)$$

である．この確率分布を，確率変数 $X$ の分布と呼ぶ．

たとえば，標本空間 $U = \{1, 2, 3, 4, 5, 6\}$ に対し，$X(1) = X(2) = X(3) = 1$，$X(4) = X(5) = X(6) = 0$ という確率変数 $X$ を考える．すると，$\{1, 2, 3\}$ が事象 $X = 1$ であり，$\{4, 5, 6\}$ が事象 $X = 0$ である．また，

$$Pr(X = 1) = Pr(1) + Pr(2) + Pr(3)$$

$$Pr(X = 0) = Pr(4) + Pr(5) + Pr(6)$$

である．

確率変数 $X$ に対し，

$$E[X] = \sum_{x} Pr(X = x) \cdot x$$

を $X$ の**期待値**という．このとき，2 つの確率変数 $X$，$Y$ に対し

$$E[aX + bY] = a \cdot E[X] + b \cdot E[Y]$$

が成り立つ．ただし，$a$，$b$ は実数である．また，

$$V[X] = E\left[(X - E[X])^2\right]$$

を $X$ の**分散**と呼ぶ．

たとえば，コイン投げにおいて，$X(\text{表}) = 1$，$X(\text{裏}) = 0$ という確率変数 $X$ を考える．すると，

$$Pr(X = 1) = Pr(\text{表}) = \frac{1}{2}$$

$$Pr(X = 0) = Pr(\text{裏}) = \frac{1}{2}$$

である．よって，

$$E[X] = 1 \times \frac{1}{2} + 0 \times \frac{1}{2} = \frac{1}{2}.$$

任意の $x, y$ に対し

$$Pr(X = x, Y = y) = Pr(X = x)Pr(Y = y)$$

が成り立つとき，2つの確率変数 $X, Y$ は**独立**である，といわれる．$n$ 個の確率変数 $X_1, \cdots, X_n$ について，任意の2つ $X_i, X_j$ が独立なとき，$X_1, \cdots, X_n$ は**対ごとに独立**である，といわれる．

さて，同一の分布にしたがう対ごとに独立な確率変数 $X_1, \cdots, X_n$ を考える．このとき，

$$\overline{X} = \frac{X_1 + \cdots + X_n}{n}$$

は，$X_1, \cdots, X_n$ の**平均値**と呼ばれる．また，$E[X] = \mu$, $V[X] = \nu$ とおく．すると，任意の $\varepsilon > 0$ に対し，

$$Pr(|\overline{X} - \mu| \geq \varepsilon) \leq \frac{\nu}{n\varepsilon^2}$$

が成り立つ．上式は，$n$ を大きくすると，平均値は期待値に近づく，ということを意味している．これを，**大数の法則**という．

たとえば，コインを $n$ 回投げ，表の出る回数 $H_n$ を数えてみよう．すると，大数の法則より，$n$ を大きくすると，$H_n/n$ は $1/2$ に近づくことになる．

最後に，任意の $t > 0$ に対し，

$$Pr(|X - E[X]| \geq t) \leq \frac{V[X]}{t^2}$$

が成り立つ．これを**チェビシェフの不等式**という．大数の法則は，チェビシェフの不等式より導かれる．

## 12.4　メッセージ認証

アリス，ボブおよび敵の 3 者からなるモデルを考える．敵は，アリスになりすましてボブにメッセージを送ったり，アリスが送ったメッセージを改ざんしたりする．このような敵の不正を検出できる方式を**メッセージ認証方式**という．

以下のようなメッセージ認証方式を考えよう．$p$ を大きな素数とし，$p$ は全員が知っている．アリスとボブは，秘密鍵 $K = (a, b)$ を共有している．ただし，$a, b$ は，$Z_p$ から選ばれたランダムな要素である．アリスが送りたいメッセージ $m$ も，$Z_p$ の要素であるとしよう．

(1)　アリスは，メッセージ $m$ に対する認証子 $c = am + b \pmod{p}$ を計算し，$(m, c)$ をボブに送る．

(2)　ボブは，$(m, c)$ を受け取ったとき，$c = am + b \pmod{p}$ であれば accept を出力し，そうでなければ reject を出力する．

敵は，**なりすまし攻撃**，または**改ざん攻撃**を行う．なりすまし攻撃とは，アリスが何も送っていないとき，敵が $(m, c)$ をボブに送りつける攻撃である（図 12.1 参照）．改ざん攻撃とは，アリスが $(m, c)$ を送ったとき，敵がそれを intercept し，$m' \neq m$ となるような $(m', c')$ をボブに送りつける攻撃である（図 12.2 参照）．どちらの攻撃も，ボブが accept を出力したらば成功である．

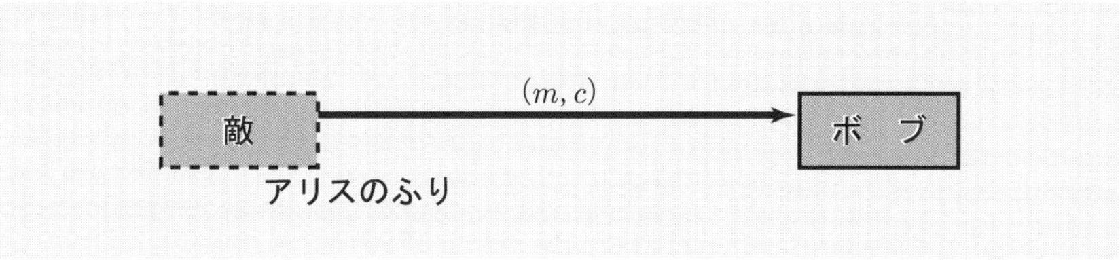


図 12.1　なりすまし攻撃

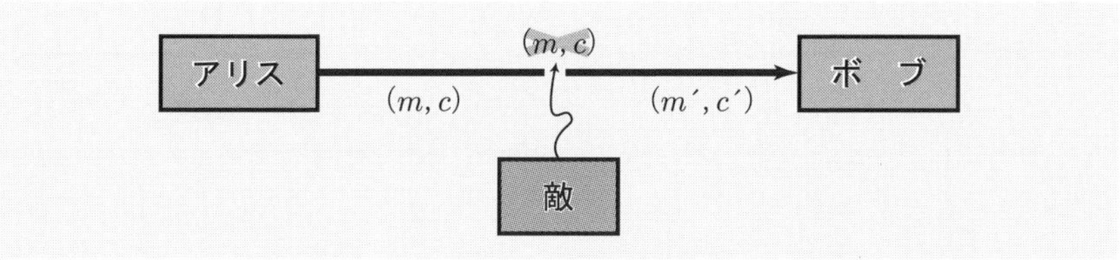


図 12.2　改ざん攻撃

まず，敵がなりすまし攻撃に成功する確率を計算しよう．鍵 $K=(a,b)$ の総数は，あきらかに $p^2$ である．敵が $(m,c)$ をボブに送りつけたとき，$c=am+b \pmod p$ であればボブは accept する．そのような $(a,b)$ の総数は $p$ である（補題 12.1）．したがって，

$$Pr(\text{なりすまし攻撃に成功})=\frac{p}{p^2}=\frac{1}{p}.$$

次に，敵が改ざん攻撃に成功する確率を計算しよう．アリスが $(m,c)$ を送ったとき，鍵 $K=(a,b)$ は

$$c=am+b \pmod p \tag{12.3}$$

を満たす．この式を満たす $(a,b)$ は $p$ 個ある．敵は，$(m,c)$ を intercept し，$m' \neq m$ となるような $(m',c')$ をボブに送りつける．このとき，

$$c'=am'+b \pmod p \tag{12.4}$$

であればボブは accept する．すなわち，ボブが accept するとき，式 (12.3), (12.4) の両方が成り立っている．そのような $(a,b)$ の個数は，明らかに 1 個である．したがって，

$$Pr(\text{改ざん攻撃に成功})=\frac{1}{p}.$$

たとえば $p=7$ の場合 $Z_7=\{0,1,\cdots,6\}$ の要素がメッセージとなる．鍵 $(a,b)$ は，それぞれ，$Z_7$ からランダムに選ばれる．このとき，$m$ に対する認証子は

$$c=am+b \pmod 7$$

また，

$$P_r(\text{なりすまし攻撃に成功})=P_r(\text{改ざん攻撃に成功})=\frac{1}{7}$$

である．

**補題 12.1**

$c=am+b \pmod p$ となるような $(a,b)$ の総数は $p$ 個である．

**[証明]**　任意の $a$ の値に対し，$b$ の値は自動的に決まる．また，$a \in Z_p$ は $p$ 通りの値をとる．よって，そのような $(a,b)$ の総数は $p$ 個である．■

## 12.5　長いメッセージの場合

前節では，アリスが送りたいメッセージ $m$ は $Z_p$ の要素であると仮定した．本節では，$m = (m_1, m_2, m_3)$，ただし，$m_1, m_2, m_3 \in Z_p$ の場合を考えよう．この場合は，$r, a_1, a_2, a_3$ を $Z_p$ からランダムに選び，秘密鍵を $K = (r, a_1, a_2, a_3)$ とする．また，認証子を

$$t = a_1 m_1 + a_2 m_2 + a_3 m_3 + r \pmod p$$

とする．すると，前節と同様にして，

$$Pr(\text{なりすまし攻撃に成功}) = \frac{1}{p} \tag{12.5}$$

$$Pr(\text{改ざん攻撃に成功}) = \frac{1}{p} \tag{12.6}$$

を証明できる．

鍵の大きさをもっと小さくする方法を示そう．まず，$r, a$ を $Z_p$ からランダムに選び，秘密鍵を $K = (r, a)$ とする．次に，認証子を

$$t = am_1 + a^2 m_2 + a^3 m_3 + r \pmod p$$

とする．すると，

$$Pr(\text{なりすまし攻撃に成功}) = \frac{1}{p} \tag{12.7}$$

$$Pr(\text{改ざん攻撃に成功}) \leq \frac{3}{p} \tag{12.8}$$

を証明できる．

一般的に，$m = (m_1, \cdots, m_L)$，ただし，$m_1, \cdots, m_L \in Z_p$ の場合を考える．このとき，$r, a$ を $Z_p$ からランダムに選び，秘密鍵を $K = (r, a)$ とする．次に，認証子を

$$t = am_1 + \cdots + a^L m_L + r \pmod p$$

とする．すると，

$$Pr(\text{なりすまし攻撃に成功}) = \frac{1}{p}$$

$$Pr(\text{改ざん攻撃に成功}) \leq \frac{L}{p}$$

を証明できる．

# 12 章の問題

□**1** 箱の中に，当たりくじが 2 本，はずれくじが 4 本入っている．このとき，次の確率を求めよ．

(1) 当たりくじを引く確率．

(2) はずれくじを引く確率．

(3) 当たりくじを引かない確率．

□**2** 大小 2 つのサイコロがある．それぞれを 1 回ずつ振るとき，次の事象が起こる確率を求めよ．

(1) 大のサイコロが偶数の目を出す確率．

(2) 小のサイコロが 5 以上の目を出す確率．

(3) 小のサイコロが 4 以下の目を出す確率．

(4) 大のサイコロが偶数の目を出すか，または小のサイコロが 5 以上の目を出す確率．

□**3** 箱の中に当たりくじが 3 個，はずれくじが 7 個入っている．1 番目の人が当たりくじを引き，2 番目の人がはずれくじを引く確率を求めよ．ただし，取り出したくじは戻さないものとする．

□**4** アリスが 52 枚のトランプをよくきり，その中からボブが 1 枚引く．ボブが引いたトランプがエースであるとわかったとき，それがハートである確率を求めよ．

# 第13章

# 最短経路問題と最大フロー問題

本章では，2 点間の最短経路を求める方法と 2 点間の最大フローを求める方法について解説する．最短経路を求める方法は，カーナビや地図アプリなどに利用されている．最大フローを求める方法は，輸送問題，通信やマッチングなど多くの分野に応用可能である．


13.1　最短経路問題

13.2　最大フロー問題

## 13.1　最短経路問題

地図上の 2 点間の最短経路を求める効率の良い方法として，**ダイクストラ法**が知られている．本節では，図 13.1 の 2 点 $(s,t)$ 間の最短経路を，ダイクストラ法を使って求めてみることとしよう．

(1)　図 13.1 のグラフを $G$ とし，始点 $s$ について以下の処理を行う．

(a)　$s$ に接続している黒枝を全て青枝に変更し，図 13.2 を得る．

(b)　図 13.2 の黒枝を除去したグラフ $G_{\text{青}}$ において，$s$ から各点 $x \in \{a,b,c\}$ までの最短距離 $d(x)$ を求めると，明らかに $d(a)=4, d(b)=1, d(c)=2$ である．これらを各点の円内に書き込み，図 13.3 を得る．

(c)　上記の最小値は $d(b)=1$ である．$G_{\text{青}}$ 中の $b$ 以外の点を通り，黒枝経由で $s$ から $b$ に行くと，遠回りになってしまう．よって，$G$ においても $b$ までの最短距離は $d(b)=1$ と確定する．

(d)　$b$ および $b$ に接続している青枝を灰色で表示し，図 13.4 を得る．

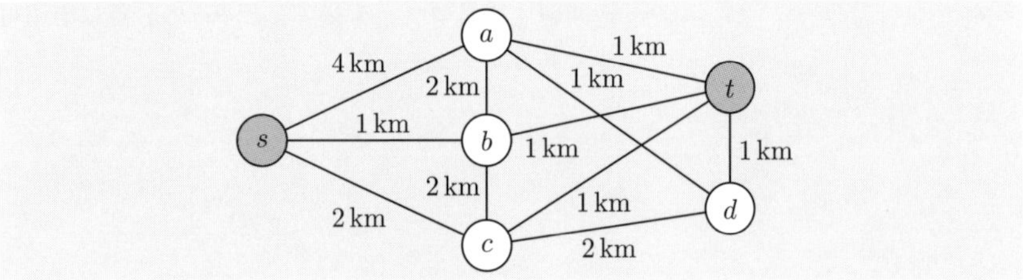


**図 13.1**　グラフ $G$

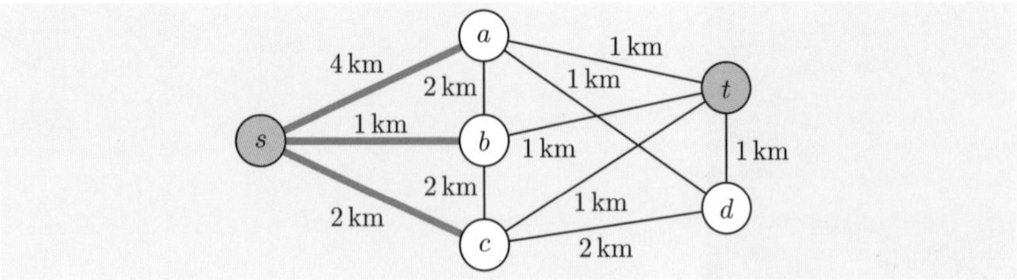


**図 13.2**　$s$ の接続枝

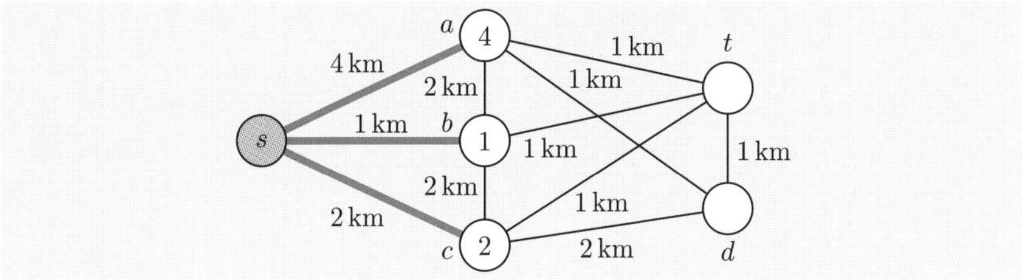


**図 13.3**　$G_{青}$ における始点 $s$ からの最短距離

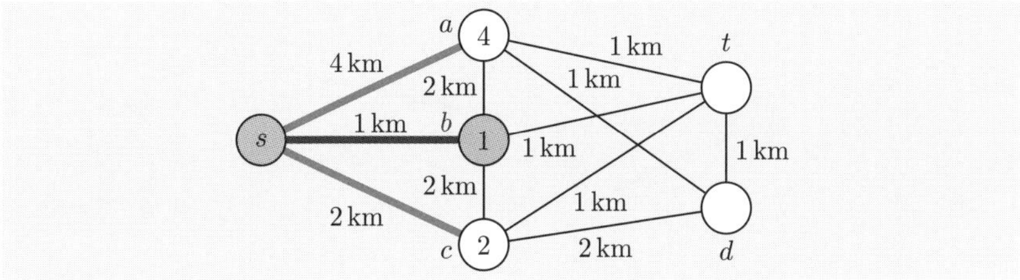


**図 13.4**　$s$ から $b$ までの最短距離と最短経路

(2)　上記で最短距離が確定した点 $b$ について，以下の処理を行う．

(a)　点 $b$ に接続している黒枝を全て青枝に変更し，図 13.5 を得る．

(b)　図 13.5 の黒枝を全て除去したグラフ $G_{青}$ において，$s$ から各点 $x \in \{a, c, t\}$ への最短距離 $d(x)$ を，以下のように求める．$x$ に行くには，$b$ 経由で行くか，そうでないかである．

- $x = a$ の場合，前者の距離は $d(b) + 2 = 3$ で，後者の最短距離 $d(a) = 4$ より短い．よって，$d(a)$ の値を 3 に変更する．
- $x = c$ の場合，後者の最短距離 $d(c) = 2$ の方が短いので，$d(c)$ の値はそのままとする．
- $x = t$ の場合，$b$ 経由で行くしかなく，その距離は $d(b) + 1 = 2$ である．

各点 $x \in \{a, c, t\}$ の円内に $G_{青}$ における $x$ への最短距離を書き込むと，図 13.6 が得られる．

(c)　$d(t) = 2$ は，上記の最小値である．$G_{青}$ 中の $b$ 以外の点を通り，黒枝経由で $s$ から $t$ に行くと，遠回りになってしまう．よって，$G$ にお

いても $t$ までの最短距離は $d(t) = 2$ と確定する．

(d)　$t$ および $t$ に接続している青枝を灰色で表示し，図 13.7 を得る．

図 13.7 における灰色の枝を見れば，$s$ から $t$ への最短経路 $s \to b \to t$ が求まる（最短距離は (2)–(c) で得られている）．

これがダイクストラ法である．また，その計算量は，点の数を $n$ とすると $O(n^2)$ である †（章末問題 2）．

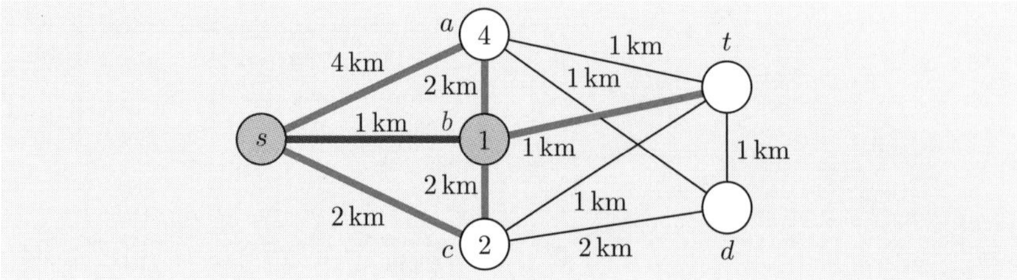


**図 13.5**　$b$ の接続枝

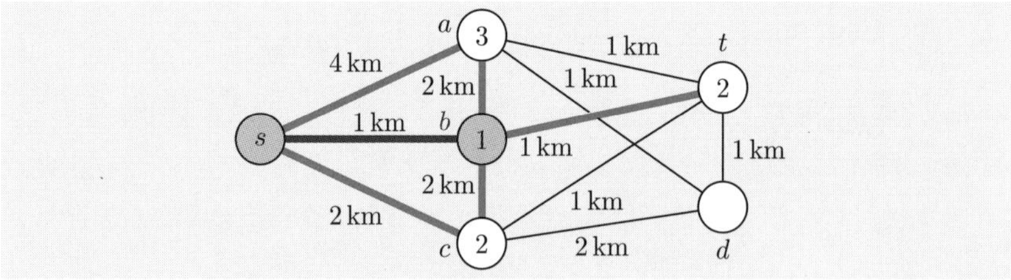


**図 13.6**　$G_{青}$ における始点 $s$ からの最短距離

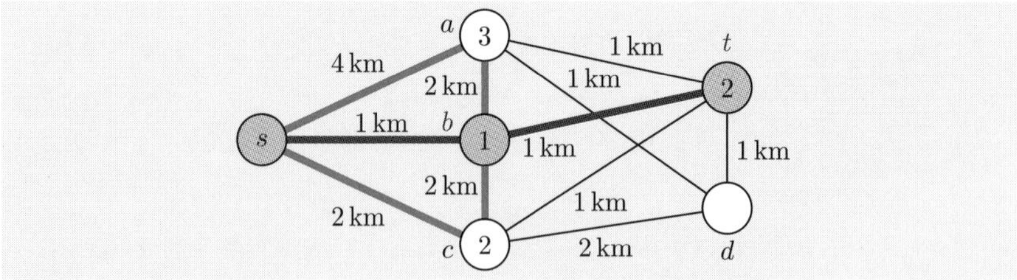


**図 13.7**　$s$ から $t$ までの最短距離と最短経路

† 記号 $O$（ランダウの記号）については，各自で調べてみてほしい．

## 13.2　最大フロー問題

図 13.8 のように，各枝に正の容量が付随したネットワークを考える．各枝においてはその容量以下しかフローを流すことができないという条件の下で，始点 $s$ から終点 $t$ へ流すことが可能な最大フローを求めよ，という問題を**最大フロー問題**という．本節では，最大フローを求めるフォード–ファルカーソンのアルゴリズム，および最大フロー最小カットの定理について解説する．まず，図 13.8 を例にとって，**フォード–ファルカーソンのアルゴリズム**を説明する．

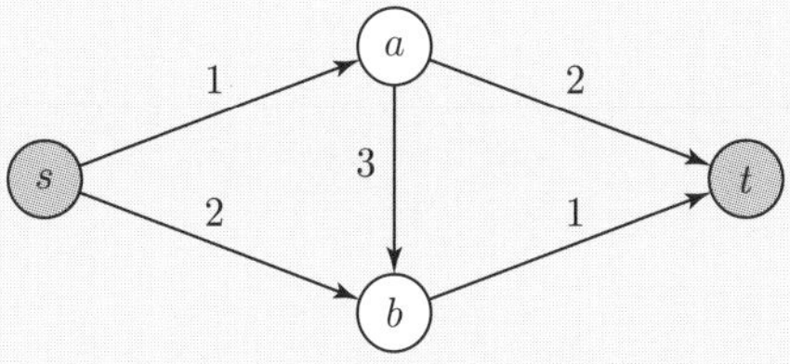


**図 13.8**　容量付きグラフ

(1)　(a)　始点 $s$ から終点 $t$ までのパスを，何らかの方法で求める†．たとえば，図 13.9 の太枝で示すようなパスが求まったとしよう．

(b)　上記のパスに，可能な限り多くのフローを流す．すると，図 13.10 の灰色の太枝で示すような流れが得られる．

(c)　図 13.10 の各黒枝 $e$ に対し，以下の操作を行う．容量 $\alpha$ の枝 $e$ に $\beta$ のフローが流れている場合，枝 $e$ の容量を $\alpha - \beta$ に変更するとともに，容量 $\beta$ の逆向きの枝 $e'$ を追加する（図 13.11）．すると，図 13.12 が得られる．ただし，容量が 0 となった枝は省略してある．このようにして得られるネットワークを，**残余ネットワーク**という．

(2)　(a)　上記の残余ネットワークにおいて，始点 $s$ から終点 $t$ までのパスを求め，可能な限り多くのフローを流す．すると，図 13.13 の灰

† 深さ優先探索，または幅優先探索を用いればよい（詳しい方法は各自で調べてみてほしい）．あるいは，効率は悪くなるがダイクストラ法を使ってもよい．

色の太枝で示すような流れが得られる．

(b)　図 13.10 の流れと図 13.13 の流れを合成すると，図 13.14 の灰色で示す流れが得られる．

(c)　図 13.14 の残余ネットワークを求めると，図 13.15 が得られる．

(3)　(a)　図 13.15 の残余ネットワークにおいて，始点 $s$ から終点 $t$ へのパスは存在しない．こうなった時点で，アルゴリズムは終了する．

以上が，フォード–ファルカーソンのアルゴリズムである．このとき，図 13.14 が最適な流し方であり，最大フローの値は 2 となる．

このアルゴリズムが最大フローを与えることを証明しよう．始点 $s$ を含み終点 $t$ を含まない節点の部分集合 $V$ をカットという．また，$V$ から外に出て行く枝の容量の総和を，カット $V$ の**カット容量**という．たとえば，図 13.8 においては，

$$\begin{aligned}
&\text{カット } \{s\} \text{ のカット容量} = 1 + 2 = 3,\\
&\text{カット } \{s, a\} \text{ のカット容量} = 2 + 3 + 2 = 7,\\
&\text{カット } \{s, b\} \text{ のカット容量} = 1 + 1 = 2,\\
&\text{カット } \{s, a, b\} \text{ のカット容量} = 2 + 1 = 3
\end{aligned}$$

である．さらに，カット容量が最小となるカット $V$ を**最小カット**と呼ぶ．図 13.8 の最小カットは，$\{s, b\}$ である（図 13.16）．

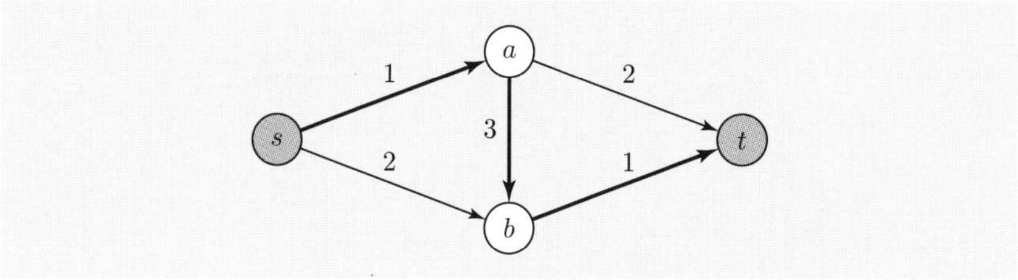


**図 13.9**　$s$ から $t$ へのパス

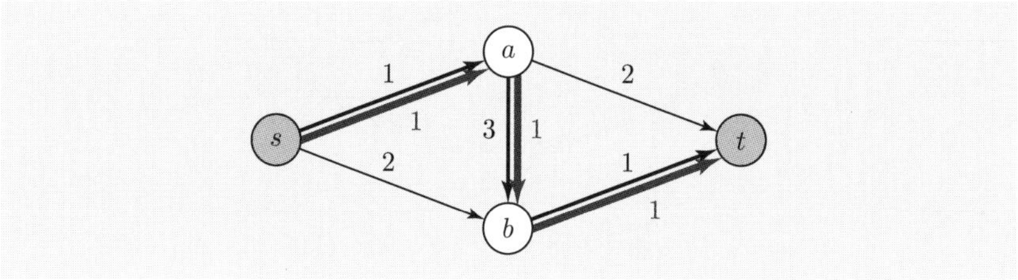


**図 13.10**　$s$ から $t$ へ流せるフロー

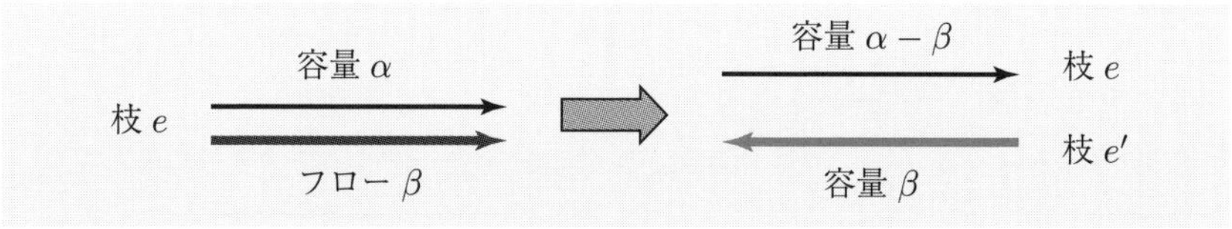


**図 13.11**　枝容量の変更と逆向き枝の追加

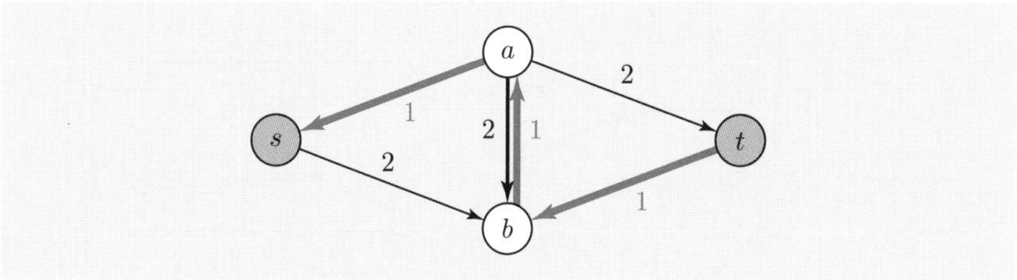


**図 13.12**　残余ネットワーク

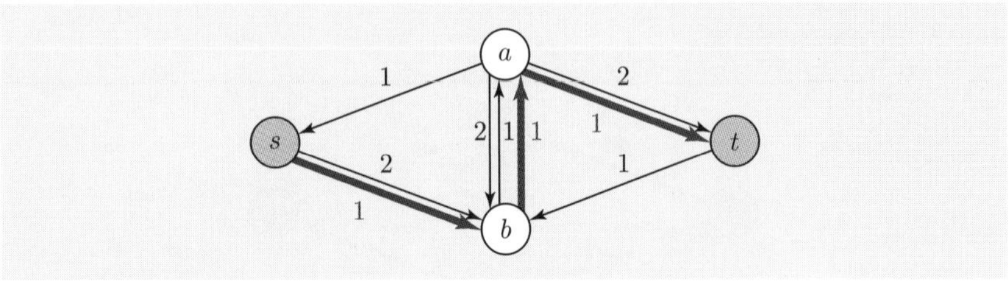


**図 13.13**　図 13.12 において $s$ から $t$ へ流せるフロー

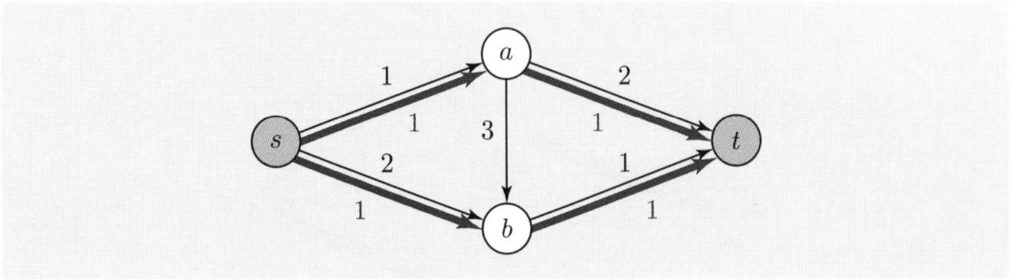


**図 13.14**　合成した流れ

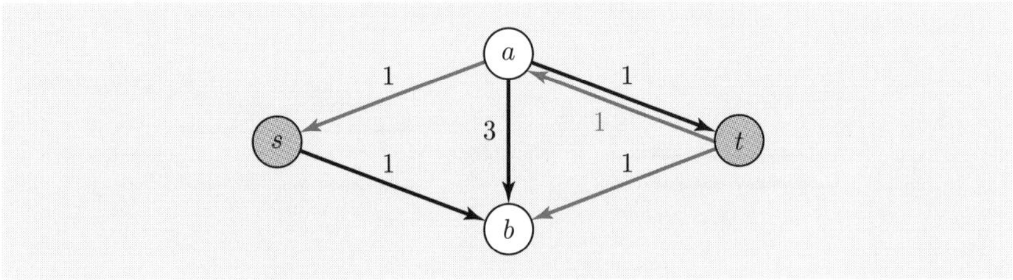


**図 13.15**　図 13.14 の残余ネットワーク

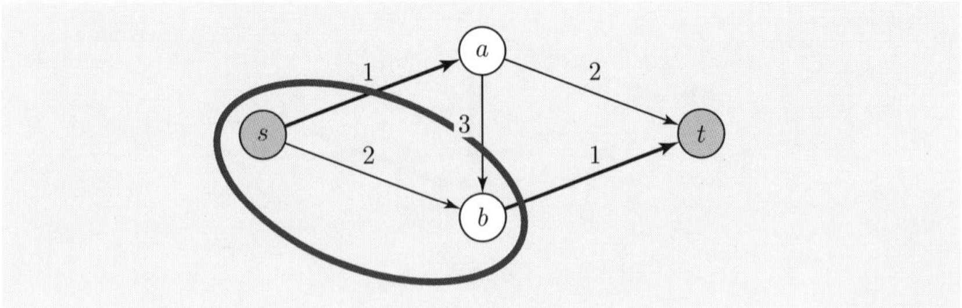


**図 13.16**　最小カット

**定理 13.1**

フォード–ファルカーソンのアルゴリズムは，最大フローを与える．

［**証明**］　元のネットワーク $G_0$ にアルゴリズムを適用した結果，最終的に得られる残余ネットワークを，$G_1$ としよう．$G_1$ において始点 $s$ から到達可能な節点の集合を $V$，残りの節点の集合を $\overline{V}$ とする（図 13.17）．すると，終了条件より $G_1$ において始点 $s$ から終点 $t$ へのパスは存在しないので，終点 $t$ は $\overline{V}$ に属する．また，$V$ から $\overline{V}$ に向かう枝は存在しない．このとき，残余ネットワークの定義より，$G_0$ において以下が成り立つ（図 13.18）．

- $V$ から $\overline{V}$ に向かう各枝 $i$ には，その容量だけフローが流れている．
- $\overline{V}$ から $V$ に向かう各枝 $i$ には，全くフローが流れていない（もし存在すれば，逆向きの枝 $i'$ が存在し，$V$ の定義に反する）．

以上より，始点 $s$ から終点 $t$ へ流れているフローの量を $F_0$ とすると，

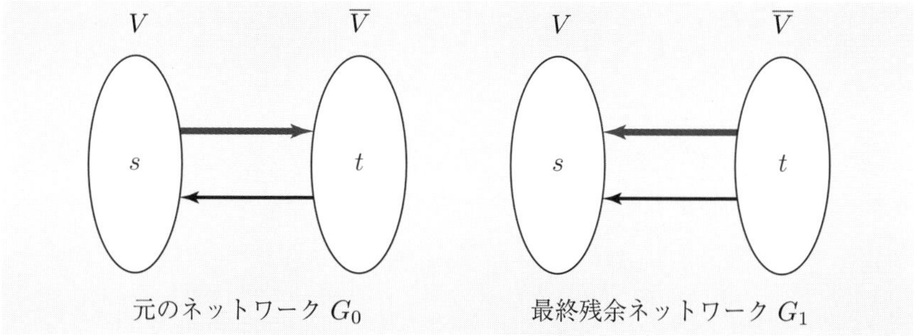


**図 13.17**　元のネットワーク $G_0$ と最終残余ネットワーク $G_1$

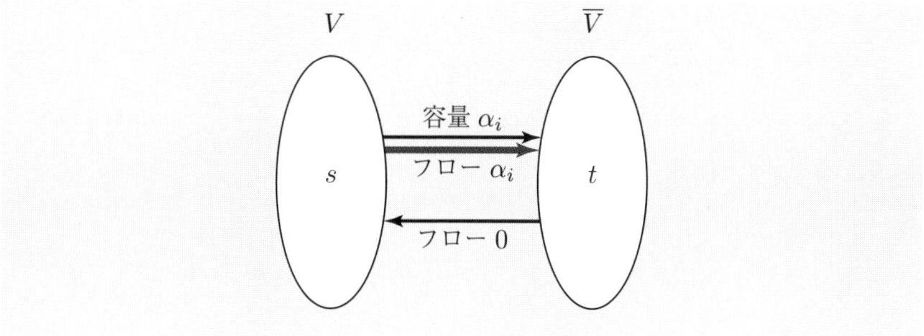


**図 13.18**　$G_0$ におけるフロー

$$F_0 = V \text{ のカット容量} \tag{13.1}$$

が成り立つことがわかる．一方，$V$ のカット容量がボトルネックになるので，明らかに

$$\text{最大フロー} \leq V \text{ のカット容量} \tag{13.2}$$

である．これら 2 式より，

$$\text{最大フロー} \leq V \text{ のカット容量} = F_0$$

となる．また，最大フロー $\geq F_0$ なので，上式とあわせ，最大フロー $= F_0$ となる．■

次に，最大フロー最小カットの定理を示す．

**定理 13.2 （最大フロー最小カットの定理）**

$$\text{始点 } s \text{ から終点 } t \text{ への最大フロー} = \text{最小カットの容量} \tag{13.3}$$

**[証明]** 定理 13.1 の証明と同様，ネットワーク $G_0$ にアルゴリズムを適用した結果，最終的に得られる残余ネットワークを $G_1$ とし，$G_1$ において，始点 s から到達可能な節点の集合を $V$ とする．すると，式 (13.1) より，

$$\text{最大フロー} = V \text{ のカット容量} \tag{13.4}$$

が成り立つ．一方，最小カットの容量がボトルネックになるので，明らかに

$$\text{最大フロー} \leq \text{最小カットの容量} \tag{13.5}$$

である．これら 2 式より，

$$V \text{ のカット容量} = \text{最大フロー} \leq \text{最小カットの容量}$$

が成り立つ．これは，$V$ が最小カットであることを意味している．よって，式 (13.4) より式 (13.3) が成り立つ．■

上記の証明から，フォード–ファルカーソンのアルゴリズムにより最小カットが求まることもわかる．

# 13 章 の 問 題

□ **1**　図 13.19 の 2 点 $(s, t)$ 間の最短距離および最短経路を求めよ．

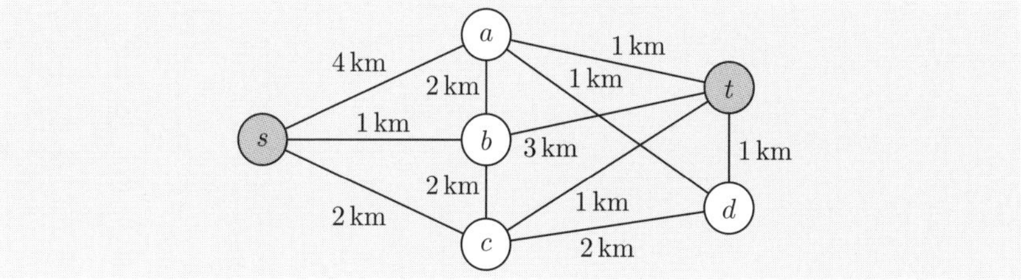


**図 13.19**　問題 1 のグラフ

□ **2**　ダイクストラ法の計算量が $O(n^2)$ であることを示せ．

□ **3**　始点 $s$ から全ての点への最短距離を求める $O(n^2)$ のアルゴリズムを示せ．

□ **4**　図 13.20 において，始点 $s$ から終点 $t$ へ流すことが可能な最大フローを求めよ．

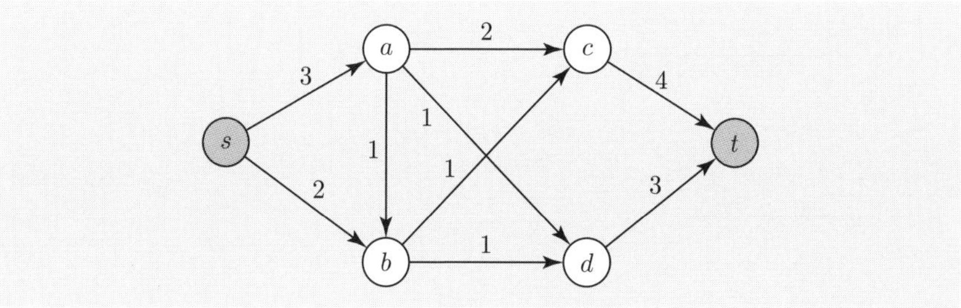


**図 13.20**　問題 4 のグラフ

□ **5**　最小カットを求めるアルゴリズムを示せ．

# 第14章

# 仮　想　通　貨

最近，ビットコインなどの仮想通貨がその存在感を高めている．仮想通貨とは，銀行などの存在を仮定しないインターネット上で流通するデジタル通貨である．一般にデジタル情報は簡単にコピーできるので，デジタル通貨は簡単に2重使用できてしまいそうである．本章では，仮想通貨の代表例であるビットコインの理論的安全性について解説する．


14.1　ビットコインとは

14.2　ビットコインの数学的モデル

14.3　ビットコインの理論的安全性

14.4　証明の概要

## 14.1 ビットコインとは

**ビットコイン**は，2008年にSatoshi Nakamotoと名乗る人物によって発明された仮想通貨であり[12]，2009年以来，パブリック型ネットワーク上で運営されている．インターネット上に構築された**P2P**(peer-to-peer) **ネットワーク**においては，中央サーバが存在せず，各参加者（以後，ノードと呼ぶ）は直接相手と通信できる．さらに，誰でも自由に参加したり，離脱したり，再開したりできるP2Pネットワークを**パブリック型ネットワーク**という．

ビットコインにおいては，送金者は，「Aliceは Bobに1万円を送金する」といった送金情報を全ノードに送る．各ノードは，これらの送金情報を記録し，同一の取引台帳を共有する．これにより，全ノードが全ての取引を監視し，不正を防いでいる．このように，全ノードが共有する取引台帳を**公開台帳**と呼ぶ．

問題は，不正ノードによる妨害やネットワーク遅延の影響がある中，どうやって公開台帳を実現するかである．

**コラム**

仮想通貨においては，ハッシュ関数，デジタル署名，ゼロ知識証明などの暗号技術が使われている．ハッシュ関数は，次節で述べるブロックチェーンの生成において用いられる．デジタル署名は，文字通り，署名の機能を果たすために用いられる．ゼロ知識証明は，匿名性を高めたい場合に用いられる．仮想通貨は現代暗号の研究に大きなモチベーションを与えている．特に，SNARKと呼ばれる証明理論の進展はめざましい．

## 14.2　ビットコインの数学的モデル

本節では，Pass ら[13] によって与えられたビットコインの数学的モデルについて説明する（ビットコインの実際については,[14] などを参照）．

**● ブロックチェーン**

ビットコインは，SHA256 というハッシュ関数 $H$ を利用する．これは，任意に長いビット列を 256 ビットに圧縮する関数である．

送金情報の時系列 $m_1, \ldots, m_a$ に対し，$M = (m_1, \ldots, m_a)$ を**送金情報ブロック**と呼ぶ．与えられた $(h_{-1}, M)$，および採掘難易度といわれる $D_p$ に対し

$$H(h_{-1}, M, \mathrm{nonce}) < D_p$$

を満たす nonce を求めることを**採掘**（**マイニング**）という．また，

$$\Pr_{\mathrm{nonce}}[H(h_{-1}, M, \mathrm{nonce}) < D_p] = p$$

となる $p$ を**採掘確率**という．次節で示すように，採掘確率 $p$ の値を適切に選ぶことが，公開台帳の実現の上で非常に重要となる．

不正がない送金情報ブロックの系列 $M_1, \ldots, M_\ell$ に対し，ブロック $B_i = (h_{i-1}, M_i, \mathrm{nonce}_i)$ の系列 $\mathbf{chain} = (B_0, B_1, \ldots, B_\ell)$ が以下の条件を満たすとき，**chain** は valid であると定義する（図 14.1）．

- $B_0 = (0, 0, 0)$.
- 各 $i$ に対し，$h_{i-1} = H(B_{i-1})$ かつ $H(B_i) < D_p$.

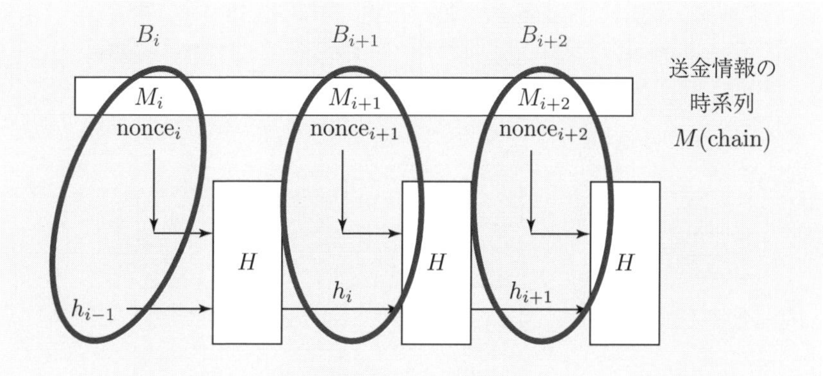


**図 14.1**　ブロックチェーン

valid な $\mathbf{chain} = (B_0, B_1, \ldots, B_\ell)$ を，**ブロックチェーン**と呼ぶ．また，$\mathcal{M}$ を $\mathcal{M}(\mathbf{chain}) = (M_1, \ldots, M_\ell)$ となる関数と定義する．

● **Nakamoto プロトコル $\Pi^p$**

各ノード $A$ が初期状態（$\mathbf{chain} = (B_0), \mathrm{flag} =$ 新規）を持ち，ラウンド毎に以下のように動作するプロトコルを，Nakamoto プロトコル $\Pi^p$ と定義する．ただし，$B_0 = (0, 0, 0)$ である（図 14.2）．

**(Step 1)** ● 自分が保持する **chain** より長いブロックチェーンを他のノードから受け取った場合，そのうち最長のものを $\widetilde{\mathbf{chain}}$ とし，$\mathbf{chain} \leftarrow \widetilde{\mathbf{chain}}$ とする．Step 2 へ（図 14.3 のような分岐も起こりうる）．

● そうでない場合，flag = 新規 なら Step 2 へ．flag = 採掘中 なら Step 3 へ．

**(Step 2)** 外部から，$(\mathcal{M}(\mathbf{chain}), M)$ に不正がないような送金情報ブロック $M$ を受け取る（$M$ の採掘開始）．

**(Step 3)** ランダムな nonce を選び，

$$H(h_{-1}, M, \mathrm{nonce}) < D_p \tag{14.1}$$

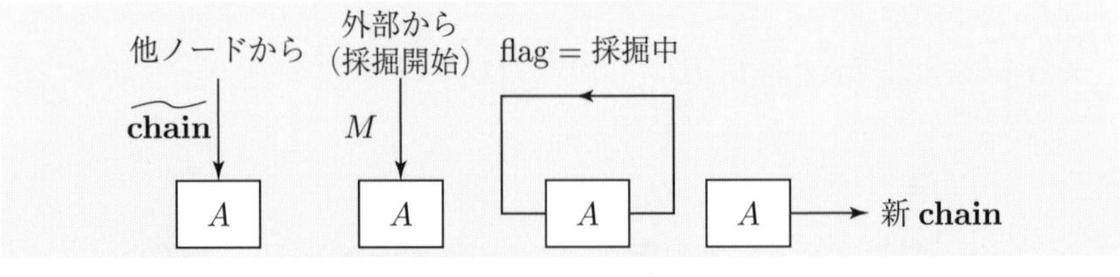


図 14.2　Nakamoto プロトコル

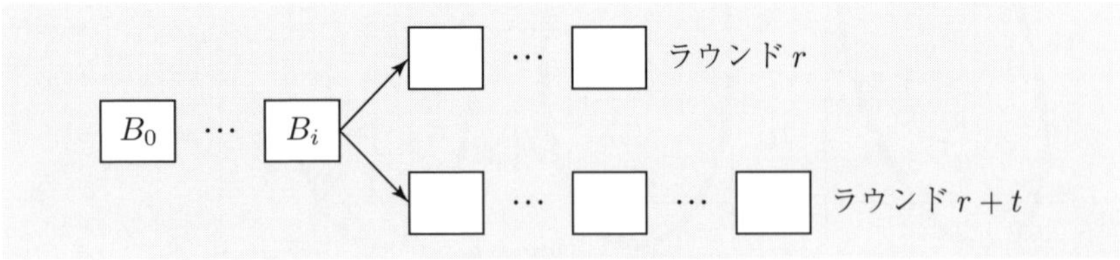


図 14.3　分岐

が成り立つか，チェックする．ただし，**chain** の最後のブロック $B_\ell$ に対し $h_{-1} = H(B_\ell)$ である．

**(Step 3−1)**　式 (14.1) が成り立つ場合，$B_{\text{new}} = (h_{-1}, M, \text{nonce})$, **chain** $\leftarrow$ $(\textbf{chain}, B_{\text{new}})$ とし，新しいブロックチェーン **chain** を全ノードに送る．次に flag = 新規 とし，次のラウンドの Step 1 に進む．

**(Step 3−2)**　そうでない場合，flag = 採掘中とし，次のラウンドの Step 1 に進む．

● **公開台帳プロトコル** $(\Pi^p, \mathcal{L}^T)$

ノード $A$ の個別台帳を，切り詰めパラメータ $T$ を用い，以下のように定める．ただし，ラウンド $r$ におけるノード $A$ の内部状態を $\textbf{chain}_A^r$ で表す（実際には，$T = 6$ と設定されている）．

- 各ノードは，Nakamoto プロトコル $\Pi^p$ に従って動作する．
- $\mathcal{M}(\textbf{chain}_A^r)$ の最後の $T$ 個を除いたものを $\mathcal{L}^T(\textbf{chain}_A^r)$ で表し，これをラウンド $r$ におけるノード $A$ の個別台帳とする．すなわち，$\mathcal{M}(\textbf{chain}_A^r) = (M_1, \ldots, M_\ell)$ のとき，個別台帳は，

$$\mathcal{L}^T(\textbf{chain}_A^r) = (M_1, \ldots, M_{\ell-T})$$

である．

このとき，ある条件の下で，以下の persistence（持続性）と liveness（生存性）が成り立つ[13].

- （persistence）全てのノードの個別台帳は,（ネットワーク遅延を除いて）一致する．また，それらは，将来において変更されることはない†.
- （liveness）送金者が送った送金情報は，いずれ全てのノードの個別台帳に取り込まれる．

これら 2 つの条件が成り立つ世界は，信頼できる中央サーバが取引台帳を公開する世界と等価であろう．よって，上記のプロトコルを**公開台帳プロトコル** $(\Pi^p, \mathcal{L}^T)$ と呼ぶこととする．詳しくは，次節で説明する．

† 図 14.3 のような分岐によって覆ることはない，という意味．

## 14.3　ビットコインの理論的安全性

本節では，Pass らの結果[13] に基づき，ビットコインの理論的安全性について説明する．以下のような設定を考える．

- ノードの総数を $n$ とし，各ノードは同一の計算能力を持つ．
- 敵 $\widetilde{\mathcal{A}}$ は，$\rho n$ 個のノードを支配し，思い通りに動作させることができる．ただし，$0 \leq \rho < 1$ である．また，$\widetilde{\mathcal{A}}$ は，1 ラウンドにつき式 (14.1) のチェック（採掘）を sequential（順次的）に[†]$\rho n$ 回できる．
- あるノードが **chain** を全ノードに送った場合，$\Delta$ ラウンド以内に全ノードに届く．この範囲で，敵 $\widetilde{\mathcal{A}}$ は遅延ラウンド数を自由に制御することができる．
- ハッシュ関数 $H$ は，ランダムな関数としてモデル化される．

persistence を以下のように定義する．ただし，プロトコルに従うノードを誠実なノードと呼ぶ．

**定義 14.1　(persistence)**

任意の $r, r' \geq r + \Delta$ に対し以下の条件が成り立つとき，公開台帳プロトコル $(\Pi^p, \mathcal{L}^T)$ は persistent である（図 14.4）．

- ラウンド $r$ において誠実なノード $A$ の個別台帳 $\mathcal{L}^T(\mathbf{chain}_A^r)$ は，ラウンド $r' \geq r + \Delta$ において誠実なノード $B$ の個別台帳 $\mathcal{L}^T(\mathbf{chain}_B^{r'})$ の先頭部分と一致する（$A = B$ の場合も含む）．

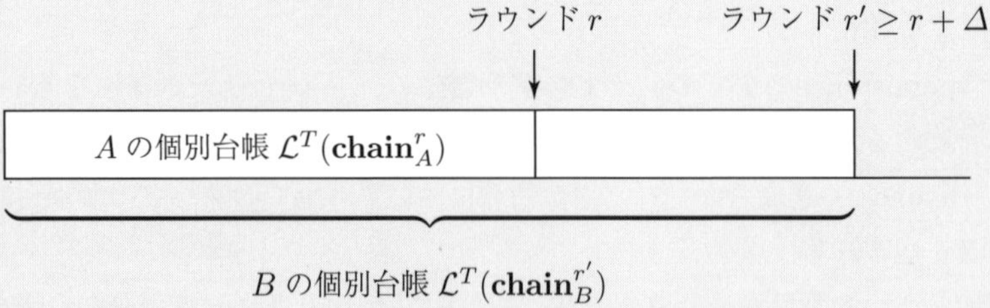


**図 14.4**　persistence

---

[†] $M_1$ の採掘に成功したら $M_2$ の採掘に移るが，失敗したら再度 $M_1$ の採掘を行う等，それまでの計算結果に基づき $M$ の値を選ぶことができる，という意味．

ここで，$\alpha = 1-(1-p)^{(1-\rho)n}$，$\beta = \rho np$ とおく．$\alpha$ は 1 ラウンド中にある誠実なノードが採掘に成功する確率であり，$\beta$ は 1 ラウンド中に敵 $\widetilde{\mathcal{A}}$ が採掘に成功するブロック数の期待値である（章末問題 1, 2）．このとき，以下の定理が成り立つ[13].

**定理 14.1　(persistence)**

ある定数 $\delta > 0$ に対し，

$$\alpha(1-2(\Delta+1)\alpha) \geq (1+\delta)\beta \tag{14.2}$$

が成り立つと仮定する．このとき，公開台帳プロトコル $(\Pi^p, \mathcal{L}^T)$ が persistent でない確率は，$T$ に関し指数関数的に減少する．

$\rho < \frac{1}{2}$ と仮定すると，任意の $n, \Delta$ に対し，式 (14.2) を満たす $p$ が存在する（章末問題 3）．この $p$ に対し，定理 14.1 が成り立つ．実際には，いずれかのノードが採掘に成功するのに要する時間が 10 分程度となるように，$p$ の値が調整されている．

liveness についても同様の結果が成り立つ．

**コラム**

個別台帳に取り込まれたブロック $B_i$ を採掘したノードには，採掘報酬が与えられる．これが，採掘の動機付けになっている．しかし，採掘報酬目当ての競争が激化し，大量の電力を消費する事態となっている．

この問題を解消する方法として，proof of stake が知られている（これに対し，上記の方法を proof of work という）．イーサリアムという仮想通貨は，2022 年 9 月に，proof of work から proof of stake に移行した．

## 14.4　証明の概要

本節では，定理 14.1 の証明の概要を述べる．

**補題 14.1　（Chernoff 限界）**

$X_i$ を $\{0,1\}$ の値をとる独立な確率変数，その和を $X = \sum_i X_i$ とすると，

$$Pr(X \leq (1-\epsilon)E(X)) \leq \exp\left(-\frac{\epsilon^2}{2}E(X)\right) \quad (0 < \epsilon < 1) \tag{14.3}$$

$$Pr(X \geq (1+\epsilon)E(X)) \leq \exp\left(-\frac{\epsilon^2}{2+\epsilon}E(X)\right) \quad (\epsilon \geq 0) \tag{14.4}$$

補題 14.1 の証明について本書では割愛するので，各自で調べてみてほしい．

**定義 14.2**

2つのブロックチェーン $C_1$ と $C_2$ の最大共通部分 $(B_0, \ldots, B_i)$ がラウンド $s$ において採掘されているとき，$C_1$ と $C_2$ はラウンド $s$ で分岐する，と定義する（図 14.5）．

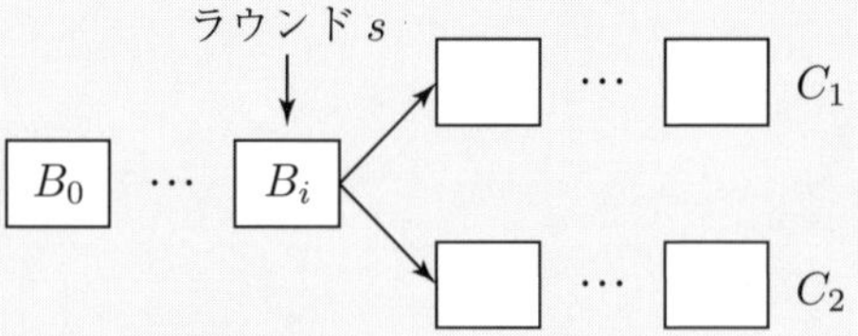


**図 14.5**　ラウンド $s$ で分岐

**補題 14.2　（consistency（一貫性））**

式 (14.2) が成り立つような $\delta > 0$ が存在すると仮定する．このとき，ノード $i$ がラウンド $r$ で誠実で，ノード $j$ がラウンド $r' \geq r$ で誠実なら，$\mathbf{chain}_i^r$ と $\mathbf{chain}_j^{r'}$ がラウンド $s = r - t$ で分岐する確率は，$t$ に関し指数関数的に減少する．

**[略証]**　ある誠実なノードがラウンド $r$ で採掘に成功したとき，ラウンド $r$ は採掘ラウンドであると定義する．ラウンド $s+1$ から $r=s+t$ までの間の採掘ラウンド数を表す確率変数を $\mathbf{L}$ とすると，$E[\mathbf{L}]=\alpha t$ である（章末問題 2 の解答と同様）．Chernoff 限界（補題 14.1）より，$\mathbf{L}$ は $(1-\epsilon)\alpha t$ と $(1+\epsilon)\alpha t$ の間の値を高い確率でとる．話を簡単にするため，確率 1 で $\mathbf{L}=\alpha t+1$ であると仮定しよう．

このとき，2 値確率変数 $\mathbf{X}_i$ を以下のように定義する．ただし，$i$ 番目の採掘ラウンドはラウンド $u_i$ であるとする（図 14.6）．

$$\mathbf{X}_i=\begin{cases} 1 & \text{if } u_i-u_{i-1}>\Delta \quad \text{かつ} \\ & \quad \text{ラウンド } u_i \text{ において他の誠実なノードは採掘に失敗する} \\ 0 & \text{otherwise} \end{cases}$$

$\mathbf{X}_i=0$ は，$\Delta$ ラウンド中のどこかで誰かが採掘するか，ラウンド $u_i$ において他の誠実なノードが採掘に成功する事象なので，

$$Pr(\mathbf{X}_i=0)\le \Delta\alpha+\alpha=(\Delta+1)\alpha \tag{14.5}$$

これより，

$$E[\mathbf{X}_i]\ge 1-(\Delta+1)\alpha \tag{14.6}$$

（章末問題 4）．次に，2 値確率変数 $\mathbf{Y}_i$ を，$\mathbf{Y}_i=\mathbf{X}_i\mathbf{X}_{i+1}$ と定義する．$\mathbf{Y}_i=1$ のとき，$\mathbf{X}_i=\mathbf{X}_{i+1}=1$ である．$\mathbf{Y}_i=1$ のとき，敵 $\widetilde{\mathcal{A}}$ が何もしないなら以下が成り立つ（図 14.6）．

- $\mathbf{X}_i=1$ より，ラウンド $u_{i-1}$ 以前に採掘された全てのブロックチェーンは，ラウンド $u_i-1$ において全てのノードに届いている．また，各ノードは受信した最長のブロックチェーンを保持するので，この時点において全ノードは同じ長さ $\ell$ のブロックチェーンを持つ．

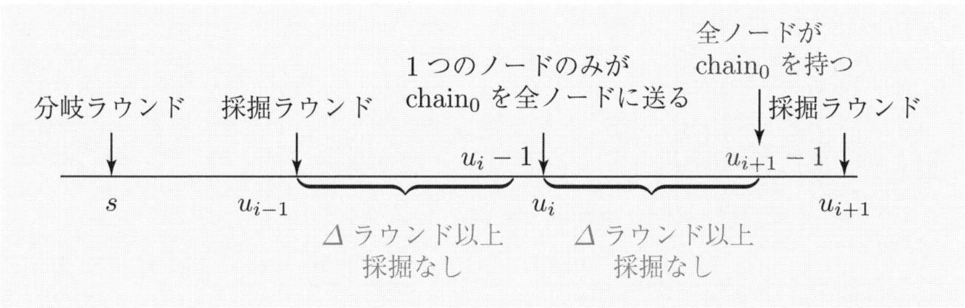


**図 14.6**　$\mathbf{Y}_i=1$ となる事象

- $\mathbf{X}_i = 1$ より，ラウンド $u_i$ において，ある 1 つのノードのみが長さ $\ell + 1$ のブロックチェーン $\mathbf{chain}_0$ を全ノードに送る．さらに，$\mathbf{X}_{i+1} = 1$ より，ラウンド $u_{i+1} - 1$ において全ノードが $\mathbf{chain}_0$ を持つ．

すなわち，$\mathbf{Y}_i = 1$ なら，ラウンド $u_{i+1} - 1$ において全ノードが同じブロックチェーンを持つ．そのような $i$ の総数を表す確率変数を $\mathbf{Y}$ とすると，$\mathbf{Y}$ は

$$\begin{aligned}\mathbf{Y} &= \mathbf{Y}_1 + \cdots + \mathbf{Y}_{\alpha t} \\ &= \mathbf{X}_1\mathbf{X}_2 + \mathbf{X}_2\mathbf{X}_3 + \mathbf{X}_3\mathbf{X}_4 + \cdots + \mathbf{X}_{\alpha t}\mathbf{X}_{\alpha t+1}\end{aligned}$$

で与えられる．$\mathbf{X}_1 = \cdots = \mathbf{X}_{\alpha t+1} = 1$ のとき，$\mathbf{Y} = \alpha t$ である．$\mathbf{X}_1 = 0$ のとき，$\mathbf{X}_1\mathbf{X}_2 = 0$ となり，1 つの項が消える．$\mathbf{X}_{\alpha t+1} = 0$ のとき，$\mathbf{X}_{\alpha t}\mathbf{X}_{\alpha t+1} = 0$ となり，1 つの項が消える．$\mathbf{X}_2 = 0$ のとき，$\mathbf{X}_1\mathbf{X}_2 = \mathbf{X}_2\mathbf{X}_3 = 0$ となり，2 つの項が消える．以上より，

$$\begin{aligned}\mathbf{Y} &\geq \alpha t - (1 - \mathbf{X}_1) - (1 - \mathbf{X}_{\alpha t+1}) - 2\sum_{i=2}^{\alpha t}(1 - \mathbf{X}_i) \\ &= \mathbf{X}_1 + \mathbf{X}_{\alpha t+1} + 2\sum_{i=2}^{\alpha t}\mathbf{X}_i - \alpha t\end{aligned}$$

式 (14.6) より，

$$\begin{aligned}E[\text{右辺}] &= E[\mathbf{X}_1] + E[\mathbf{X}_{\alpha t+1}] + 2\sum_{i=2}^{\alpha t}E[\mathbf{X}_i] - \alpha t \\ &\geq 2\alpha t(1 - (\varDelta + 1)\alpha) - \alpha t \\ &= \alpha t(1 - 2(\varDelta + 1)\alpha)\end{aligned}$$

話を簡単にするため，確率 1 で 右辺 $\geq \alpha t(1 - 2(\varDelta + 1)\alpha)$ と仮定しよう．すると，確率 1 で

$$\mathbf{Y} \geq \alpha t(1 - 2(\varDelta + 1)\alpha)$$

となる．

一方，敵 $\widetilde{\mathcal{A}}$ がラウンド $s + 1$ から $r = s + t$ の間に採掘に成功するブロック数を表す確率変数を $\mathbf{Z}$ とすると，$E[\mathbf{Z}] = \beta t$ である（章末問題 2）．ここで，$\mathbf{Z} \geq (1 + \delta)\beta t$ となる事象を $\mathbf{bad}$ と定義すると，Chernoff 限界（補題 14.1）より，

$$Pr(\mathbf{bad}) \leq \exp\left(-\frac{\delta^2}{2 + \delta}\beta t\right) \tag{14.7}$$

$\mathbf{bad}$ が起こらない場合，式 (14.2) より，

$$\mathbf{Y} \geq \alpha t(1 - 2(\varDelta + 1)\alpha) \geq (1 + \delta)\beta t > \mathbf{Z}$$

したがって，少なくとも 1 つの $\mathbf{Y}_k = 1$ となる $\mathbf{Y}_k$ は，敵に妨害されることなく生き残る．この場合，$\mathbf{chain}_i^r$ と $\mathbf{chain}_j^{r'}$ は，少なくともラウンド $u_{k+1} - 1$（$> s$）までは分岐しない（図 14.6）．

よって，ラウンド $s$ で分岐するのは，**bad** が起こる場合である．式 (14.7) より，この確率は $t$ に関し指数関数的に減少するので，本補題が成り立つ． ■

完全な証明は，確率 1 で起こると仮定した事象に対し Chernoff 限界（補題 14.1）を適用し，さらに block withholding lemma という補題を利用することにより得られる[13].

補題 14.2 は，ラウンド数に関しパラメタライズされている．これを，採掘されたブロック数に関しパラメタライズされるように変換すると，定理 14.1 が得られる．

# 14章の問題

□**1** 1ラウンド中にある誠実なノードが採掘に成功する確率は，$\alpha$ であることを示せ.

□**2** 1ラウンド中に敵 $\widetilde{A}$ が採掘に成功するブロック数の期待値は，$\beta$ であることを示せ.

□**3** $p \ll \frac{1}{n}$ のとき，

(1) $\alpha \approx (1-\rho)np$ となることを示せ.

(2) このとき，式 (14.2) は次式と同値であることを示せ.

$$p < \frac{X}{2(\Delta+1)(1-\rho)n}$$

ただし，$X = 1-(1+\delta)\frac{\rho}{1-\rho}$.

(3) 上式を満たす $p > 0$ が存在するための $\rho$ の範囲を示せ.

□**4** 式 (14.6) が成り立つことを示せ.

# 問題略解

## 第1章

**1** (2), (3), (4) である.

**2** (2) である.

**3** $|A| = 6,\ |B| = 10,\ |C| = 6,\ |D| = 4,\ |E| = 1$ である.

**4** 整数全体の集合 $\mathbb{Z}$, 有理数全体の集合 $\mathbb{Q}$, 0 から 1 の間の実数の集合など.

**5** (1), (3), (4) である.

**6** (1), (3) である.

**7** $\overline{A} = \{3, 4, 6, 7, 8, 10\},\ \overline{B} = \{1, 5, 6, 7, 9, 10\},\ \overline{\overline{A}} = A = \{1, 2, 5, 9\}$ である.

**8** $A = \{2, 4, 6, 8, 10\},\ B = \{3, 6, 9\}$ なので,
(1) $A \cap B = \{6\}$.
(2) $A \cup B = \{2, 3, 4, 6, 8, 9, 10\}$.

**9** (1) 左辺の $P \cup (Q \cap R)$ をベン図で表すと図 1 の斜線部分となる. 次に, 右辺の $(P \cup Q)$ をベン図で表すと図 2 中の (a) の斜線部分に, $(P \cup R)$ をベン図で表すと図 2 中の (b) の斜線部分になる. これより,

$$P \cup (Q \cap R) = (P \cup Q) \cap (P \cup R)$$

が成り立つことがわかる.

(2) 左辺の $P \cap (Q \cup R)$ をベン図で表すと図 3 の斜線部分となる. 次に, 右辺の $(P \cap Q)$ をベン図で表すと図 4 中の (a) の斜線部分に, $(P \cap R)$ をベン図で表すと図 4 中の (b) の斜線部分になる. これより,

$$P \cap (Q \cup R) = (P \cap Q) \cup (P \cap R)$$

が成り立つことがわかる.

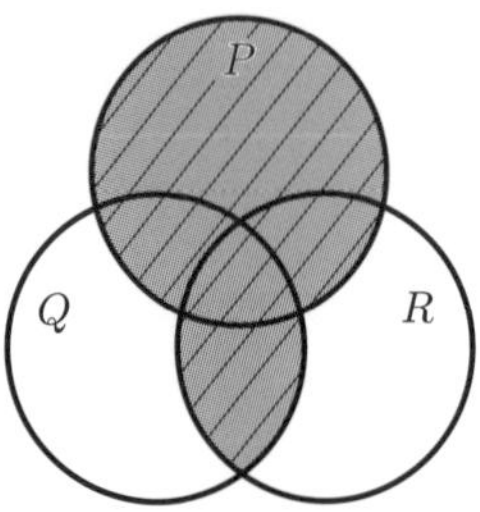


1 章の図 1 $P \cup (Q \cap R)$

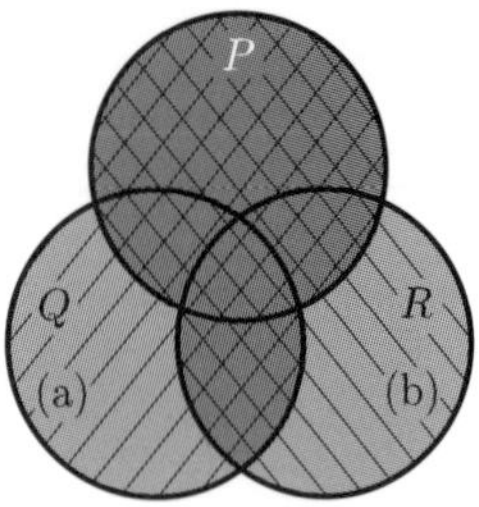


1 章の図 2 $(P \cup Q) \cap (P \cup R)$

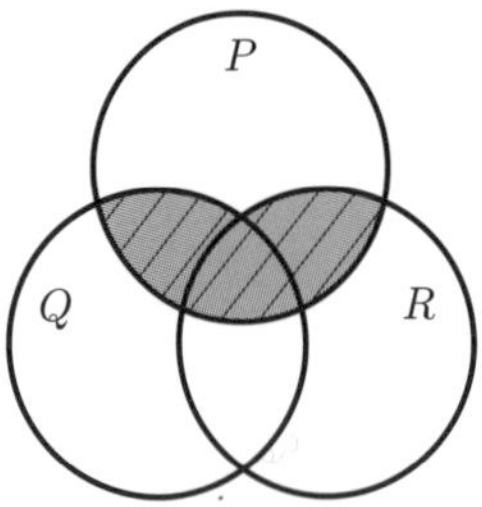


1 章の図 3 $P \cap (Q \cup R)$

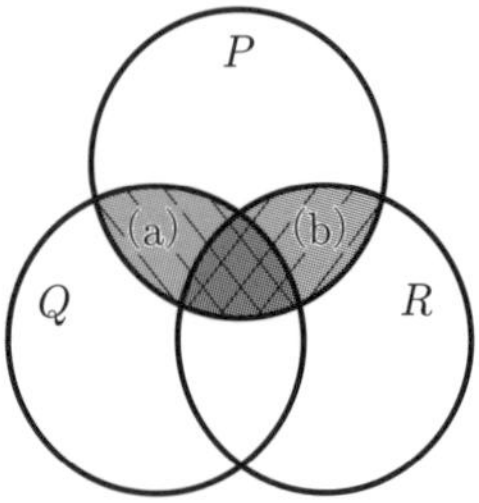


1 章の図 4 $(P \cap Q) \cup (P \cap R)$

**10** $2^S = \{\emptyset,\ \{0\},\ \{1\},\ \{0,1\}\}$.

**11** $2^S = \{\emptyset,\ \{a\},\ \{b\},\ \{c\},\ \{a,b\},\ \{b,c\},\ \{a,c\},\ \{a,b,c\}\}$

**12** $\chi_A(1) = 1,\ \chi_A(2) = 0,\ \chi_A(3) = 1,\ \chi_A(4) = 0,\ \chi_A(5) = 1,\ \chi_A(6) = 0.$

**13** $\chi_B(1) = 0,\ \chi_B(2) = 1,\ \chi_B(3) = 0,\ \chi_B(4) = 1,\ \chi_B(5) = 0,\ \chi_B(6) = 1.$

**14** (1) $2^{|P|} = 2^4 = 16.$

(2) $2^{|Q|} = 2^5 = 32.$

(3) $2^{|R|} = 2^4 = 16.$

## 第 2 章

**1**

$$A \times B = \{(0,\ a),\ (0,\ b),\ (1,\ a),\ (1,\ b)\}.$$

$$R_1 = \{(0,a),\ (0,b)\},$$

$R_2 = \{(0,b),\ (1,a),\ (1,b)\}$ など.

**2**

$$A^2 = \{(0,0),\ (0,1),\ (1,0),\ (1,1)\}.$$
$$R_1 = \{(0,0),\ (1,1)\},$$
$$R_2 = \{(0,0),\ (1,0),\ (1,1)\}.$$

**3** 略

**4**

$$R[0] = \{0,2,4\}$$
$$R[1] = \{1,3,5\}$$
$$A \setminus R = \{\{0,2,4\},\{1,3,5\}\}$$

**5**

$A \setminus R = \{\{\text{ねずみ年生まれの日本人}\},\{\text{うし年生まれの日本人}\},\cdots,$
$\{\text{いのしし年生まれの日本人}\}\}$

**6** $f(A) = \{6,7,8,9\}$

**7** $f(A) = \{6,16,21\}$

**8** 全単射　問題 6
同型写像　問題 6

**9** (1) 全射であるが，兄弟がいる場合は単射ではない．
(2) 全射でも単射でもない．
(3) 全射であるが，単射ではない．
(4) 全射であり，かつ単射である．

**10**

$$g(f(\text{春})) = \text{ピンク},\quad g(f(\text{夏})) = \text{黄},$$
$$g(f(\text{秋})) = \text{紫},\quad g(f(\text{冬})) = \text{赤}.$$

**11** $\mathbb{Z}$ から自然数の集合 $\mathbb{N}$ への全単射 $f : \mathbb{Z} \to \mathbb{N}$ を示せばよい．$f$ を以下のように定義する．

$$f(x) = \begin{cases} -2x & \text{if} \quad x < 0 \\ 0 & \text{if} \quad x = 0 \\ 2x - 1 & \text{if} \quad x > 0 \end{cases}$$

すると，

$$f(0) = 0$$
$$f(1) = 1$$
$$f(-1) = 2$$
$$f(2) = 3$$
$$f(-2) = 4$$
$$\vdots$$

となり，$f$ は全単射であることがわかる．よって， 整数の集合 $\mathbb{Z}$ は可算集合である．

**12** $\mathbb{N}^2$ から $\mathbb{N}$ への全単射 $f : \mathbb{N}^2 \to \mathbb{N}$ を示せばよい．$f$ を以下のように定義する．

| | 0 | 1 | 2 | $\cdots$ |
|---|---|---|---|---|
| 0 | $f(0,0) = 0$ | $f(0,1) = 1$ | $f(0,2) = 3$ | $\cdots$ |
| 1 | $f(1,0) = 2$ | $f(1,1) = 4$ | | |
| 2 | $f(2,0) = 5$ | | | |
| $\vdots$ | | | | |

すると，$f$ は全単射であることがわかる．よって， $\mathbb{N}^2$ は可算集合である．

## 第3章

**1** (1) $a \subset b$ なので，$a < b$. $c \subset b$ なので，$c < b$.
(2) $a \subset b$ なので，$a < b$. $b \subset c$ なので，$b < c$. $a \subset c$ なので，$a < c$. よって，全ての 2 つの要素が比較可能．ゆえに，全順序集合である．

## 第4章

**1** $\sqrt{3}$ が有理数であると仮定し，これを

$$\sqrt{3} = \frac{n}{m}$$

とおく．ただし，$m$ と $n$ は互いに素である．両辺を 2 乗すると

$$3 = \frac{n^2}{m^2}$$
$$3m^2 = n^2$$

これより，$n$ は 3 の倍数である．したがって，$n = 3k$ と書ける．すると，

$$3m^2 = 9k^2$$

$$m^2 = 3k^2$$

これより，$m$ は 3 の倍数である．しかし，これは $m$ と $n$ は互いに素であるという仮定に反する．よって，$\sqrt{3}$ は無理数である．

**2**　(1)　〔**初期段階**〕　$n = 1$ のとき，左辺 $= 1^2 = 1$．右辺 $= \frac{1\times2\times3}{6} = 1$．よって，与式は成り立つ．

〔**帰納段階**〕　$n = k$ のとき与式が成り立つと仮定すると，

$$1^2 + 2^2 + \cdots + k^2 = \frac{k(k+1)(2k+1)}{6}$$

すると，$n = k+1$ のとき，

$$\begin{aligned} 1^2 + 2^2 + \cdots + k^2 + (k+1)^2 &= \frac{k(k+1)(2k+1)}{6} + (k+1)^2 \\ &= \frac{k+1}{6}((k(2k+1) + 6(k+1)) \\ &= \frac{k+1}{6}(2k^2 + 7k + 6) \\ &= \frac{k+1}{6}(k+2)(2k+3) \\ &= \frac{(k+1)(k+2)(2(k+1)+1)}{6} \end{aligned}$$

したがって，$n = k+1$ に対し与式が成り立つ．

以上より，全ての自然数 $n$ に対して与式が成り立つ．

(2)　〔**初期段階**〕　$n = 1$ のとき，左辺 $= 1 + x$．右辺 $= 1 + x$．よって，与式は成り立つ．

〔**帰納段階**〕　$n = k$ のとき与式が成り立つと仮定すると，

$$(1+x)^k \geq 1 + kx.$$

すると，$n = k+1$ のとき，

$$\begin{aligned} (1+x)^{k+1} &= (1+x)^k \times (1+x) \\ &\geq (1+kx) \times (1+x) \\ &= 1 + (k+1)x + kx^2 \\ &\geq 1 + (k+1)x \end{aligned}$$

したがって，$n = k+1$ に対し与式が成り立つ．

以上より，全ての自然数 $n$ に対して与式が成り立つ．

**3** 〔**初期ステップ**〕 $1 \in \boldsymbol{O}$.

〔**再帰ステップ**〕 $n \in \boldsymbol{O}$ のとき，$n+2 \in \boldsymbol{O}$.

**4** 〔**初期ステップ**〕 $m+0=m$.

〔**再帰ステップ**〕 $m+n$ が既に定義されているとき，$m+\sigma(n)=\sigma(m+n)$.

**5** 〔**初期ステップ**〕 $a$ さん $\in A$.

〔**再帰ステップ**〕 $b$ さん $\in A$ のとき，$b$ さんの親 $\in A$.

**6** 自然数上の定数関数 $f(n)=0$.

## 第5章

**1**

| | $\varphi$ | $\neg\varphi$ | $\neg\neg\varphi$ | $\neg\neg\varphi \leftrightarrow \varphi$ |
|---|---|---|---|---|
| $v_1$ | 0 | 1 | 0 | 1 |
| $v_2$ | 1 | 0 | 1 | 1 |

**2** (1) $\neg(\varphi \vee \psi) \Longleftrightarrow \neg\varphi \wedge \neg\psi$ の証明.

| | $\varphi$ | $\psi$ | $\varphi \vee \psi$ | $\neg(\varphi \vee \psi)$ | $\neg\varphi$ | $\neg\psi$ | $\neg\varphi \wedge \neg\psi$ |
|---|---|---|---|---|---|---|---|
| $v_1$ | 0 | 0 | 0 | 1 | 1 | 1 | 1 |
| $v_2$ | 0 | 1 | 1 | 0 | 1 | 0 | 0 |
| $v_3$ | 1 | 0 | 1 | 0 | 0 | 1 | 0 |
| $v_4$ | 1 | 1 | 1 | 0 | 0 | 0 | 0 |

(2) $\neg(\varphi \wedge \psi) \Longleftrightarrow \neg\varphi \vee \neg\psi$ の証明.

| | $\varphi$ | $\psi$ | $\varphi \wedge \psi$ | $\neg(\varphi \wedge \psi)$ | $\neg\varphi$ | $\neg\psi$ | $\neg\varphi \vee \neg\psi$ |
|---|---|---|---|---|---|---|---|
| $v_1$ | 0 | 0 | 0 | 1 | 1 | 1 | 1 |
| $v_2$ | 0 | 1 | 0 | 1 | 1 | 0 | 1 |
| $v_3$ | 1 | 0 | 0 | 1 | 0 | 1 | 1 |
| $v_4$ | 1 | 1 | 1 | 0 | 0 | 0 | 0 |

**3**　まず,

| | $\varphi$ | $\psi$ | $\varphi \to \psi$ |
|---|---|---|---|
| $v_1$ | 0 | 0 | 1 |
| $v_2$ | 0 | 1 | 1 |
| $v_3$ | 1 | 0 | 0 |
| $v_4$ | 1 | 1 | 1 |

次に,

| | $\varphi$ | $\psi$ | $\neg\varphi$ | $\neg\varphi \lor \psi$ |
|---|---|---|---|---|
| $v_1$ | 0 | 0 | 1 | 1 |
| $v_2$ | 0 | 1 | 1 | 1 |
| $v_3$ | 1 | 0 | 0 | 0 |
| $v_4$ | 1 | 1 | 0 | 1 |

よって, $(\varphi \to \psi) \leftrightarrow (\neg\varphi \lor \psi)$ はトートロジーである.

**4**　問題 3 と同様にして,

$$(\varphi \leftrightarrow \psi) \leftrightarrow (\neg\varphi \lor \psi) \land (\varphi \lor \neg\psi)$$

がトートロジーであることを示すことができる. よって,

$$\begin{aligned} \neg(\varphi \leftrightarrow \psi) &\iff \neg\left[(\neg\varphi \lor \psi) \land (\varphi \lor \neg\psi)\right] \\ &\iff (\varphi \land \neg\psi) \lor (\neg\varphi \land \psi) \end{aligned}$$

したがって, $\neg(\varphi \leftrightarrow \psi)$ に対する論理和標準形は,

$$(\varphi \land \neg\psi) \lor (\neg\varphi \land \psi)$$

である.

**5**　問題 4 より,

$$\begin{aligned} \neg(\varphi \leftrightarrow \psi) &\iff (\varphi \land \neg\psi) \lor (\neg\varphi \land \psi) \\ &\iff ((\varphi \land \neg\psi) \lor \neg\varphi) \land (\varphi \land \neg\psi) \lor \psi) \\ &\iff (\varphi \lor \neg\varphi) \land (\neg\varphi \lor \neg\varphi)(\varphi \lor \varphi) \land (\neg\varphi \lor \varphi) \\ &\iff (\neg\varphi \lor \neg\varphi) \land (\varphi \lor \varphi) \end{aligned}$$

したがって, $\neg(\varphi \leftrightarrow \psi)$ に対する論理積標準形は,

$$(\neg\varphi \lor \neg\varphi) \land (\varphi \lor \varphi)$$

である.

**6**

$$p_1|p_2 \iff \neg(p_1 \wedge p_2)$$
$$\iff \neg p_1 \vee \neg p_2$$

**7**　(1)　全ての $x$ さんに対し，その（$x$ さんに依存した）母親 $y$ さんが存在する．正しい．

(2)　ある $y$ さんが存在し，$y$ さんは全ての $x$ さんの母親である．正しくない．

**8**　(1)　全ての $x$ さんは眼鏡をかけている，というわけではない．

(2)　ある $x$ さんが存在し，$x$ さんは眼鏡をかけていない．

**9**　(1)　試験で 100 点をとった人がいた，ということはなかった．

(2)　全ての人は，100 点をとらなかった．

## 第6章

**1**　図 1，2 に示す．

**6 章の図 1**　節点数が 2 の単純グラフ

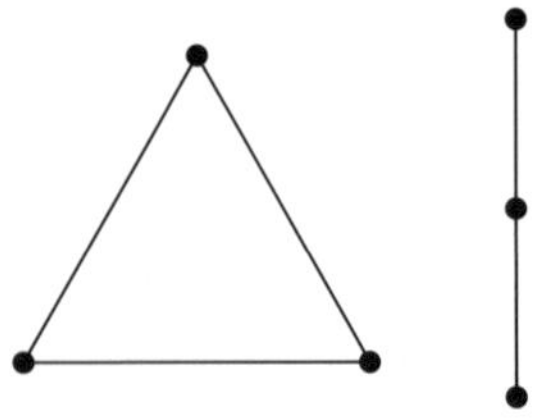

**6 章の図 2**　節点数が 3 の単純グラフ

**2**　次数の総和は奇数なので，そのようなグラフは存在しない．

**3**　図 3 に示す．

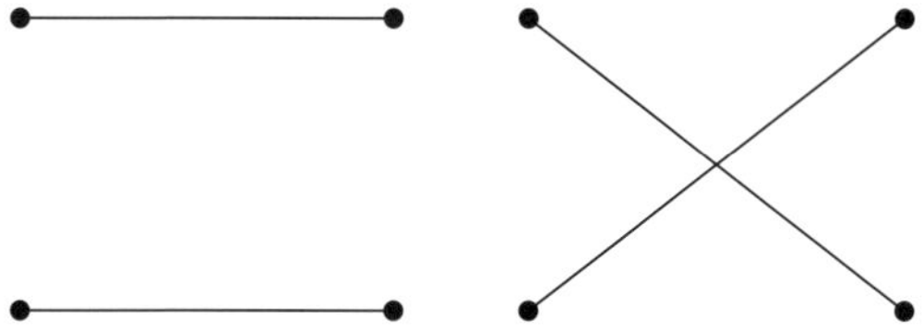

6 章の図 3　次数が 1,1,1,1 のグラフ

**4**　節点数を $n$ とする．すると，明らかに各節点の次数は $n-1$ 以下である．いま，全ての節点の次数は相異なると仮定しよう．すると，それらは，$0, 1, \cdots, n-1$ である．次数が $n-1$ の節点を $P$ としよう．すると，$P$ と全ての他の節点の間には枝が存在する．したがって，次数が 0 の節点は存在しないことになる．しかし，これは矛盾．

**5**　略

**6**　(1)　一筆書き $C$ が節点 $v$ を 1 回通過するとき，$v$ に接続している枝を 2 本通過する．したがって，$C$ が節点 $v$ を $k$ 回通過するとき，$v$ に接続している枝を $2k$ 本通過する．

(2)　(1) と同じ理由により，$C_0$ において，任意の節点 $v$ に接続している枝は偶数本である．したがって，$G_0$ から $C_0$ の枝を除いたグラフにおいて，任意の節点 $v$ に接続している枝は偶数本である．

(3)　$G_0$ は，全ての節点の次数が偶数で，かつ，オイラーグラフでない枝数最小のグラフである．$H_i$ は，全ての節点の次数が偶数で，かつ，$G_0$ より枝数が少ないグラフである．よって，$G_0$ の最小性より，$H_i$ はオイラーグラフである．

## 第 7 章

**1**　(1) ならば (2) の証明：　$G$ を木とすると，$G$ は連結している．したがって，任意の 2 つの節点 $u, v$ 間には少なくとも 1 本のパスがある．$u, v$ 間に 2 本のパスが存在したと仮定すると閉路が存在することになり，$G$ は木という仮定に反する．

(2) ならば (3) の証明：　(2) が成り立っていると仮定する．すると，明らかに $G$ は連結している．次に，節点 $u, v$ 間の枝 $e$ を除去した結果，$G$ が連結であったと仮定する．すると，$u, v$ 間に $e$ を通らないパスが存在する．また，枝 $e$ も $u, v$ 間のパスである．これは，(2) に反する．

(3) ならば (4) の証明： (3) が成り立っていると仮定する．すると，明らかに $G$ にはサイクルがない．

次に，節点 $u, v$ 間の枝 $e$ を付加した結果，サイクルができなかったと仮定する．これは，$G$ が連結していないことを意味し，(2) に反する．

最後に，$G$ にはサイクルがなく，かつ，節点 $u, v$ 間の枝 $e$ を付加した結果，サイクルが 2 つできたと仮定する．これは，$G$ にサイクルが存在することを意味し，矛盾である．

(4) ならば (1) の証明： (4) が成り立っていると仮定する．このとき，$G$ にはサイクルがない．したがって，$G$ が連結していることを示せばよい．(4) より，どの 2 節点 $u, v$ 間に枝 $e$ を付加してもサイクルができる．これは，$G$ において $u, v$ 間にパスがあることを意味している．したがって，$G$ は連結している．

**2** 図 1 に示す．

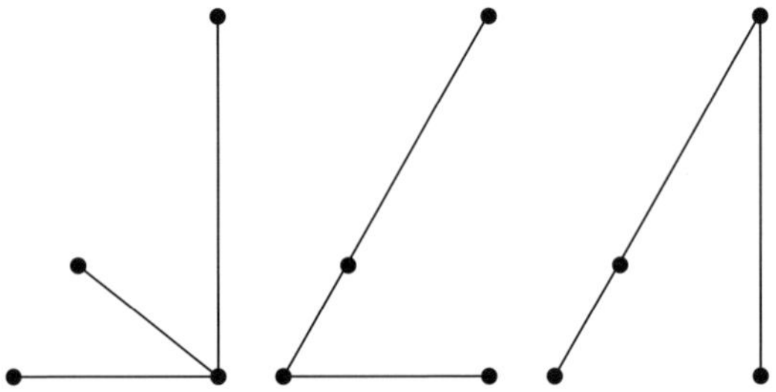

**7 章の図 1** 解答の全域木

## 第 8 章

**1**

$$
\begin{aligned}
\mathrm{EUCLID}(100, 35) &= \mathrm{EUCLID}(35, 100 \bmod 35) \\
&= \mathrm{EUCLID}(35, 30) \\
&= \mathrm{EUCLID}(30, 35 \bmod 30) \\
&= \mathrm{EUCLID}(30, 5) \\
&= \mathrm{EUCLID}(5, 30 \bmod 5) \\
&= \mathrm{EUCLID}(5, 0) \\
&= 5
\end{aligned}
$$

**2**　$d \in S_{ab}$ としよう．このとき，$a = qb + r$ の両辺の mod $d$ をとると，

$$0 = 0 + r \pmod{d}.$$

ゆえに，

$$r = 0 \pmod{d}.$$

よって，$d$ は $r$ の約数である．一方，$d \in S_{ab}$ なので，$d$ は $b$ の約数である．したがって，$d$ は $(b, r)$ の公約数である．ゆえに，

$$d \in S_{br}.$$

これは，

$$S_{ab} \subseteq S_{br}$$

を意味している．

**3**　まず，

$$\phi^2 = \phi + 1$$

が成り立つ．

次に，数学的帰納法により，

$$r_{k+1-i} \geq \phi^i \tag{A.1}$$

を証明する．まず，

$$\begin{aligned} r_{k+1} &\geq 1 = \phi^0 \\ r_k &\geq r_{k+1} + 1 \geq 2 \\ &\geq \phi \end{aligned}$$

が成り立つ．次に，$i - 1$ 未満に対し，式 (A.1) が成り立つと仮定する．すると，

$$\begin{aligned} r_{k+1-i} &= q_{(k+1-i)+2} r_{(k+1-i)+1} + r_{(k+1-i)+2} \\ r_{k+1-i} &\geq r_{k+1-(i-1)} + r_{k+1-(i-2)} \\ &\geq \phi^{i-1} + \phi^{i-2} \\ &\geq \phi^{i-2}(\phi + 1) \\ &= \phi^{i-2} \cdot \phi^2 \\ &= \phi^i \end{aligned}$$

これで，式 (A.1) を証明できた．ゆえに，

$$
\begin{aligned}
b &= r_0 \geq \phi^{k+1} \\
\log b &\geq (k+1)\log\phi \\
k+1 &\leq \frac{\log b}{\log\phi}
\end{aligned}
$$

したがって，

$$k+2 \leq \frac{\log b}{\log\phi} + 1.$$

**4**　まず，

$$23 = 23 \times 1 + 4 \times 0 \tag{A.2}$$

$$9 = 11 \times 0 + 4 \times 1 \tag{A.3}$$

が成り立つ．次に，23 を 9 で割った余りを求めると

$$5 = 23 - 9 \times 2$$

なので，式 (A.2)− 式 (A.3)×2 を計算する．すると，

$$5 = 23 \times 1 + 9 \times (-2) \tag{A.4}$$

が得られる．次に，9 を 5 で割った余りを求めると

$$4 = 9 - 5 \times 1$$

なので，式 (A.3)− 式 (A.4)×1 を計算する．すると，

$$4 = 23 \times (-1) + 9 \times 3 \tag{A.5}$$

が得られる．次に，5 を 4 で割った余りを求めると

$$1 = 5 - 4 \times 1$$

なので，式 (A.4)− 式 (A.5)×1 を計算する．すると，

$$1 = 23 \times 2 + 9 \times (-5) \tag{A.6}$$

が得られる．よって，$\gcd(23, 9) = 1$, $x = 2$, $y = -5$.

**5**　式 (A.6) より，

$$1 = 9 \times (-5) \pmod{23}.$$

したがって，

$$\frac{1}{9} = -5 = 23 - 5 = 18 \pmod{23}.$$

## 第 9 章

**1** 結合律 $a-(b-c)=(a-b)-c$ が成り立たないからである．

**2** 結合律は成り立つ．また，空系列は単位元として働く．しかし，逆元が存在しない．

**3** 2 つの単位元 $e, e'$ が存在したと仮定すると，

$$e = e * e' = e'$$

**4** 2 つの逆元 $a', a''$ が存在したと仮定すると，

$$\begin{aligned} a' &= a' * e \\ &= a' * (a * a'') \\ &= (a' * a) * a'' \\ &= e * a'' \\ &= a'' \end{aligned}$$

**5** $ma, mb \in G$ に対し，

$$ma + mb = m(a+b) \in mG$$
$$-(ma) = m(-a) \in mG$$

よって，定理 9.1 より，$(mG, +)$ は $(G, +)$ の部分群である．

**6** 略

**7** 定理 9.1 の 2 つの条件が成り立つことを示せばよい．まず，$h_1 + h_2 \in H_1 + H_2$, $h_1' + h_2' \in H_1 + H_2$ に対し，

$$x = (h_1 + h_2) + (h_1' + h_2') = (h_1 + h_1') + (h_2 + h_2')$$

ここで $(H_1, +)$ は群なので，$h_1 + h_1' \in H_1$．同様に，$h_2 + h_2' \in H_2$．ゆえに，$x \in H_1 + H_2$．次に，

$$-(h_1 + h_2) = (-h_1) + (-h_2) \in H_1 + H_2$$

**8** (1)
$$0' + f(0) = f(0) = f(0+0) = f(0) + f(0)$$

ゆえに，$0' = f(0)$．

(2)
$$0' = f(0) = f(a + (-a)) = f(a) + f(-a)$$

ゆえに，$f(-a) = -f(a)$.

**9** $2, 3$.

**10** $3, 5$.

**11** $|G| = p$ とおく．また，任意の $a \neq 1$ の位数を $k$ とおく．すると，定理 9.4 より，$k$ は $p$ を割り切る．$p$ は素数なので，$k = p$．これは，$G = \langle a \rangle$ を意味している．よって，$(G, \cdot\,)$ は巡回群である．

**12** (1)
$$0 + 0 \cdot a = 0 \cdot a = (0 + 0) \cdot a = 0 \cdot a + 0 \cdot a$$

ゆえに，$0 = 0 \cdot a$.

(2)
$$0 = 0 \cdot b = (a + (-a)) \cdot b = a \cdot b + (-a) \cdot b$$

ゆえに，$(-a) \cdot b = -(a \cdot b)$.

## 第 10 章

**1** 拡張ユークリッドの互除法を (160,3) に適用する．

$$160 = 160 \times 1 + 3 \times 0$$
$$3 = 160 \times 0 + 3 \times 1$$
$$1 = 160 \times 1 + 3 \times (-53)$$

最後の式より，

$$1 = 3 \times (-53) \pmod{160}.$$

ゆえに，

$$d = -53 = 160 - 53 = 107 \pmod{160}.$$

**2** $e$ は，$\gcd(e, (p-1)(q-1)) = 1$ を満たさなければならい．$e = 5$ の場合，

$$\gcd(e, (p-1)(q-1)) = \gcd(5, 160) = 5$$

よって，$e = 5$ は公開鍵の条件を満たさない．

**3** $$\gcd(e, (p-1)(q-1)) = \gcd(7, 160) = 1.$$

よって，$e = 5$ は公開鍵の条件を満たす．拡張ユークリッドの互除法を $(160, 7)$ に適用すると，

$$160 = 160 \times 1 + 7 \times 0$$
$$7 = 160 \times 0 + 7 \times 1$$
$$6 = 160 \times 1 + 7 \times (-22)$$
$$1 = 160 \times (-1) + 7 \times 23$$

最後の式より，

$$1 = 7 \times 23 \pmod{160}.$$

ゆえに，

$$d = 23.$$

## 第11章

**1** ${}_8\mathrm{P}_3 = 336.$

**2** ${}_5\mathrm{P}_2 = 20.$

**3** $\dfrac{{}_7\mathrm{P}_4}{4!} = 35.$

**4** $\dfrac{{}_8\mathrm{P}_5}{5!} = 56.$

**5** (1) 2 個の P を $\mathrm{P}_1, \mathrm{P}_2$ と区別した場合，5! 通りの並べ方がある．しかし，実際は，$\mathrm{AP_1P_2LE}$ と $\mathrm{AP_2P_1LE}$ は同じであるから，

$$\frac{5!}{2!} = 60 \text{ 通り}.$$

(2) B が 2 個，A が 2 個，L が 2 個重複しているから，

$$\frac{8!}{2!2!2!} = 5040.$$

(3) F が 2 個，E が 2 個重複しているから，

$$\frac{6!}{2!2!} = 180.$$

**6** 3 種類のものから重複を許して 5 個選ぶ選び方であるから，

$$ {}_3\mathrm{H}_5 = \begin{pmatrix} 3+5-1 \\ 5 \end{pmatrix} = 21 $$

**7** $\{1, 2, \cdots, 100\}$ の部分集合 $A_1, A_2, A_3$ を以下のように定める．

$$ A_1 = 2 \text{ で割り切れる整数} $$
$$ A_2 = 3 \text{ で割り切れる整数} $$
$$ A_3 = 5 \text{ で割り切れる整数} $$

求めたい答えは $|A_1 \cup A_2 \cup A_3|$ である．式 (11.3) を利用しよう．まず，

$$ |A_1| = \left\lfloor \frac{100}{2} \right\rfloor = 50 $$
$$ |A_2| = \left\lfloor \frac{100}{3} \right\rfloor = 33 $$
$$ |A_3| = \left\lfloor \frac{100}{5} \right\rfloor = 20 $$

次に

$$ |A_1 \cap A_2| = \left\lfloor \frac{100}{2 \times 3} \right\rfloor = 16 $$
$$ |A_1 \cap A_3| = \left\lfloor \frac{100}{2 \times 5} \right\rfloor = 10 $$
$$ |A_2 \cap A_3| = \left\lfloor \frac{100}{3 \times 5} \right\rfloor = 6 $$

最後に，

$$ |A_1 \cap A_2 \cap A_3| = \left\lfloor \frac{100}{2 \times 3 \times 5} \right\rfloor = 3 $$

よって，

$$ |A_1 \cap A_2 \cap A_3| = 50 + 33 + 20 - 16 - 10 - 6 + 3 = 74. $$

したがって，1 と 100 の間に，2, 3, 5 のいずれかで割り切れる整数は 74 個ある．

**8** 血液型は，A, B, O, AB の 4 種類．5 人を鳩，4 種類の血液型を巣と思えばよい．

**9**　5 個の長さ 10 のビット列を，

$$
\begin{aligned}
A &= (a_1, a_2, \cdots, a_{10})\\
B &= (b_1, b_2, \cdots, a_{10})\\
C &= (c_1, c_2, \cdots, a_{10})\\
D &= (d_1, d_2, \cdots, a_{10})\\
E &= (e_1, e_2, \cdots, a_{10})
\end{aligned}
$$

としよう．先頭の 2 ビットは，

$$(a_1, a_2),\quad (b_1, b_2),\quad (c_1, c_2),\quad (d_1, d_2),\quad (e_1, e_2)$$

の 5 つである．これを鳩だと思う．一方，長さ 2 の全てのビット列は，

$$(0,0),\quad (0,1),\quad (1,0),\quad (1,1)$$

の 4 つである．これを巣だと思う．すると，鳩の巣原理により，

$$(a_1, a_2),\quad (b_1, b_2),\quad (c_1, c_2),\quad (d_1, d_2),\quad (e_1, e_2)$$

のうちのどれか 2 つは必ず一致することがわかる．したがって，長さ 10 のビット列を 5 個集めると，先頭の 2 ビットが一致するペアが必ず存在する．

## 第 12 章

**1**　当たりくじに $a_1, a_2$，はずれくじに $b_1, b_2, b_3, b_4$ と記号をつけるとすると，標本空間 $U$ は，

$$U = \{a_1, a_2, b_1, b_2, b_3, b_4\}.$$

(1)　当たりくじを引くという事象 $A$ は，

$$A = \{a_1, a_2\}.$$

根源事象の確率は全て等しいと考えられるので，当たりくじを引くという事象 $A$ が起こる確率は，

$$
\begin{aligned}
Pr(A) &= \frac{|A|}{|U|}\\
&= \frac{2}{6} = \frac{1}{3}.
\end{aligned}
$$

(2)　はずれくじを引くという事象 $B$ は，

$$B = \{b_1, b_2, b_3, b_4\}.$$

根源事象の確率は全て等しいと考えられるので，はずれくじを引くという事象 $B$ が起こる確率は，

$$\begin{aligned} Pr(B) &= \frac{|B|}{|U|} \\ &= \frac{4}{6} = \frac{2}{3}. \end{aligned}$$

(3) 当たりくじを引かないという事象は，当たりくじを引くという事象 A の余事象と考えられるから，

$$\begin{aligned} Pr(\overline{A}) &= 1 - Pr(A) \\ &= 1 - \frac{1}{3} = \frac{2}{3}. \end{aligned}$$

**2** (1) 偶数は，2, 4, 6 であるから，

$$\frac{3}{6} = \frac{1}{2}.$$

(2) 5 以上は，5, 6 であるから，

$$\frac{2}{6} = \frac{1}{3}.$$

(3) (2) の余事象であるから，

$$1 - \frac{1}{3} = \frac{2}{3}.$$

(4) 大のサイコロが偶数の目を出すか，または小のサイコロが 5 以上の目を出す事象は，下の表の $x$ の部分．このような $x$ は全部で 24 個ある．また，ます目の総数は 36 個．よって，求める確率は

$$\frac{24}{36} = \frac{2}{3}.$$

| | 大 = 1 | 大 = 2 | 大 = 3 | 大 = 4 | 大 = 5 | 大 = 6 |
|---|---|---|---|---|---|---|
| 小 = 1 | | $x$ | | $x$ | | $x$ |
| 小 = 2 | | $x$ | | $x$ | | $x$ |
| 小 = 3 | | $x$ | | $x$ | | $x$ |
| 小 = 4 | | $x$ | | $x$ | | $x$ |
| 小 = 5 | $x$ | $x$ | $x$ | $x$ | $x$ | $x$ |
| 小 = 6 | $x$ | $x$ | $x$ | $x$ | $x$ | $x$ |

これは，以下のように考えてもよい．大のサイコロが偶数の目を出す事象を $A$，小のサイコロが 5 以上の目を出す事象を $B$ としたとき，事象 $A \cup B$ の起こる確率を求めたい．よって，

$$
\begin{aligned}
Pr(A \cup B) &= Pr(A) + Pr(B) - Pr(A \cap B) \\
&= \frac{1}{2} + \frac{1}{3} - \frac{1}{6} = \frac{2}{3}.
\end{aligned}
$$

**3**　1 番目の人が当たりくじを引く事象を $A$，2 番目の人がはずれくじを引く事象を $B$ とする．まず，

$$Pr(A) = \frac{3}{10}.$$

次に，2 番目の人がくじを引く時点で，くじの数は 9 個に減っているから，

$$Pr(B \mid A) = \frac{7}{9}.$$

したがって，

$$
\begin{aligned}
Pr(A \cap B) &= Pr(A)Pr(B \mid A) \\
&= \frac{3}{10} \times \frac{7}{9} = \frac{7}{30}.
\end{aligned}
$$

**4**　そのトランプがハートである事象を $A$，エースである事象を $B$ とする．ハートのエースである確率は，

$$Pr(A \cap B) = \frac{1}{52}.$$

エースを引く確率は，

$$Pr(B) = \frac{4}{52} = \frac{1}{13}.$$

よって，

$$
\begin{aligned}
Pr(A \mid B) &= \frac{Pr(A \cap B)}{Pr(B)} \\
&= \frac{1}{52} \times 13 = \frac{1}{4}.
\end{aligned}
$$

## 第13章

**1** 図13.19にダイクストラ法を適用すると，図1が得られる．これより，$(s,t)$ 間の最短距離は 3 km，最短経路は $s \to c \to t$ である．

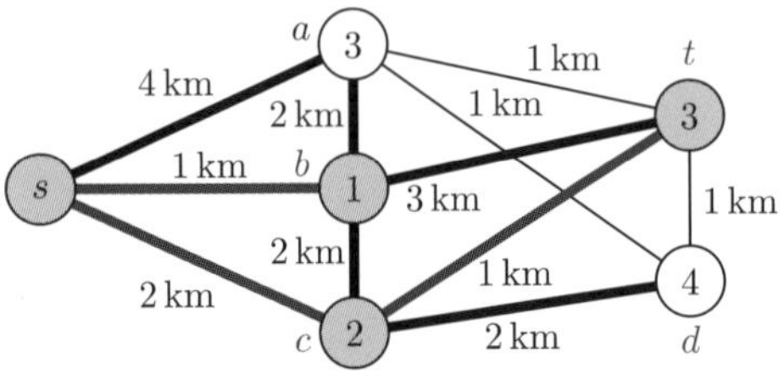


13章の図1　ダイクストラ法の適用結果

**2** (1)–(a)〜(d) の計算量は $O(n)$ である．このような手続きを $O(n)$ 回繰り返すので，全体の計算量は $O(n^2)$ である．

**3** 始点 $s$ から全ての点への最短距離が求まるまで，ダイクストラ法を繰り返せばよい．前問の解答と同様，この方法の計算量は $O(n^2)$ である．

**4** 図13.20にアルゴリズムを適用すると，図2の各枝に灰色の文字で示した流れが得られる．これより，最大フローは5である．

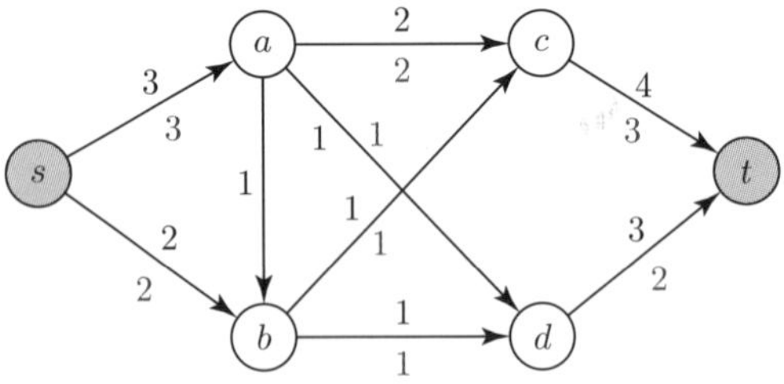


13章の図2　最大フロー

**5** 最終残余ネットワーク $G_1$ において，始点 $s$ から到達可能な節点の集合 $V$ が最小カットである．

# 第 14 章

**1** 全ての誠実なノードが採掘に失敗する確率は，$(1-p)^{(1-\rho)n}$．よって，ある誠実なノードが採掘に成功する確率は，$1-(1-p)^{(1-\rho)n}=\alpha$.

**2** 敵 $\widetilde{\mathcal{A}}$ は，1 ラウンドにおいて，式 (14.1) のチェックを $\rho n$ 回できる．$i$ 番目のチェックで採掘に成功するブロック数を $x_i$ とすると，

$$E[x_i]=Pr(\text{採掘成功})\times 1+Pr(\text{採掘失敗})\times 0=p.$$

よって，敵 $\widetilde{\mathcal{A}}$ が 1 ラウンドに採掘に成功するブロック数の期待値は，

$$E[x_1+\cdots+x_{\rho n}]=E[x_1]+\cdots+E[x_{\rho n}]=\rho np=\beta.$$

**3** (1) $(1-p)^{(1-\rho)n}\approx 1-(1-\rho)np$ なので，

$$\alpha=1-(1-p)^{(1-\rho)n}\approx(1-\rho)np.$$

(2) $\alpha=(1-\rho)np, \beta=\rho np$ を式 (14.2) に代入し，同値変形すると得られる．

(3) $X>0$ であれば，条件を満たす $p>0$ が存在する．$X>0$ となる条件を求めると，$\rho<\frac{1}{2+\delta}$ である．

**4** 式 (14.5) より，$Pr(\mathbf{X}_i=1)\geq 1-(\varDelta+1)\alpha$．よって，

$$E[\mathbf{X}_i]=Pr(\mathbf{X}_i=1)\times 1+Pr(\mathbf{X}_i=0)\times 0=Pr(\mathbf{X}_i=1)\geq 1-(\varDelta+1)\alpha.$$

# 参考文献

[ 1 ] 小倉久和，情報の基礎離散数学—演習を中心とした，近代科学社（1999）

[ 2 ] 黒澤馨，現代暗号への招待，サイエンス社（2010）

[ 3 ] 黒沢馨，尾形わかは，現代暗号の基礎数理（電子情報通信レクチャーシリーズ），コロナ社（2004）

[ 4 ] 志賀浩二，群論への 30 講（数学 30 講シリーズ），朝倉書店（1989）

[ 5 ] 徳山豪，工学基礎 離散数学とその応用［第 2 版］，数理工学社（2022）

[ 6 ] 平林隆一，工学基礎 代数系とその応用，数理工学社（2006）

[ 7 ] 守屋悦朗，コンピュータサイエンスのための離散数学，サイエンス社（1992）

[ 8 ] Jiŕi Matousek and Jaroslav Nesetril（訳：根上，中本），離散数学への招待〈上〉，シュプリンガー・フェアラーク東京（2002）

[ 9 ] Seymour Lipschutz（監訳：成嶋 弘），離散数学—コンピュータ・サイエンスの基礎数学，オーム社（1995）

[10] Laszlo Lovasz, Jozsef Pelikan, Katalin L. Vesztergombi, Discrete Mathematics: Elementary and Beyond, Springer-Verlag（2003）

[11] Victor Shoup, A Computational Introduction To Number Theory And Algebra, Cambridge Univ Pr (Sd)（2005）

[12] Nakamoto, Satoshi, Bitcoin: A Peer-to-Peer Electronic Cash System (August 21, 2008). Available at SSRN: https://ssrn.com/abstract=3440802 or http://dx.doi.org/10.2139/ssrn.3440802

[13] Rafael Pass, Lior Seeman, Abhi Shelat: Analysis of the Blockchain Protocol in Asynchronous Networks. EUROCRYPT (2) 2017: 643-673

[14] 米津武至，絵で見てわかるブロックチェーンの仕組み，翔泳社（2020）

上で挙げた文献のほか，早稲田大学の早水桃子准教授が 2024 年 1 月現在 YouTube にアップロードしている講義動画シリーズ「離散数学入門」も本書の内容の理解に役立つであろう．特に，「#5: 最短経路問題」ならびに「#9: 最大流問題 (2)」は 13 章の理解の助けとなるので興味のある読者は見てほしい．

# 索　引


## あ 行

アーベル群　98
アレフゼロ　25
暗号系　110
暗号文　110
位数　102
一様分布　130
上への写像　22
ウォーク　66
枝　62
円順列　119
オイラーウォーク　67
オイラーグラフ　68, 70
オイラー閉路　67
親　78

## か 行

改ざん攻撃　135
可換環　104
可換群　98
拡大体　106
拡張ユークリッドの互除法　89, 112
確率　130
確率関数　130
確率分布　130
確率変数　133
可算集合　25
カット容量　144
加法群　97
加法的　97
ガロア体　105
環　104
関係　18
完全　56
完全グラフ　65
完全 2 分木　78
偽　48
木　74
基礎体　106
期待値　133
帰納段階　38
逆元　96, 97
逆写像　24
共通鍵暗号系　110
共通集合　6
極小　32
極小元　32
極大　32
極大元　32
空集合　2
組合わせ　119
グラフ　62
グラフ理論　62
群　96
結合子　48
結合律　96, 97
元　2
原始元　103
原子元　48
限定作要素　57
子　78
公開鍵　111
公開鍵暗号系　111
公開台帳　152
公開台帳プロトコル　155
交換律　98
恒真　51
合成写像　23
合成数　82
合同　83
恒等写像　24
公約数　85

## さ 行

鎖　31
再帰式　43
再帰的定義　43
採掘　153
採掘確率　153
サイクル　66
最小カット　144
最小全域木　77
最大公約数　85
最大フロー最小カットの定理　148
最大フロー問題　143

残余ネットワーク 143
自己同型写像 101
事象 130, 131
次数 63
子孫 78
写像 22
集合 2
重複組合わせ 123
重複順列 123
述語論理 57
巡回群 102
順序集合 31
準同型写像 101
順列 118
条件付き確率 132
商集合 21
乗法群 97
乗法的 97
剰余類 100
初期段階 38
真 48
真部分群 100
真部分集合 3
真理値表 50
推移律 20, 30
数学的帰納法 38
スター 65
スターリングの近似公式 122
整域 104
生成元 102
節点 62
全域木 77
線形順序集合 31
全射 22
全順序集合 31
先祖 78
全体集合 4, 5
全単射 23
素因数分解 82
像 22
送金情報ブロック 153
双対 54
双対定理 55
素数 82

## た　行

体 105
対角線論法 25
ダイクストラ法 140
対称群 99
対称律 20
代数系 96
大数の法則 134
代表元 100
多重グラフ 62
単位元 96, 97
単位的環 104
単射 22
単純グラフ 62
値域 22
チェビシェフの不等式 134
直積 18
対ごとに独立 134
定義域 22
同型 101
同型写像 24, 101
同値関係 20, 52
同値類 20
トートロジー 51
特性関数 14
独立 134
ド・モルガンの法則 9, 52, 59

## な　行

なりすまし攻撃 135
根付き木 78
濃度 25

## は　行

葉 78
背理法 36
パス 66
パスカルの 3 角形 120
ハッセ図 32
鳩の巣原理 126
パブリック型ネットワーク 152
ハミルトンサイクル 70
ハミルトン閉路 70
反鎖 31
反射律 20, 30
半順序関係 30
半順序集合 31
反対称律 30
比較可能 31
ビットコイン 152
秘密鍵 110, 111
標本空間 130
平文 110
フィボナッチ数列 44
フェルマーの小定理 92

フォード–ファルカーソンのアルゴリズム　143
深さ　78
復号鍵　111
付値　50
部分グラフ　66
部分群　100
部分集合　3
ブロックチェーン　154
分散　133
分配則　52
分配律　104
ペアノの公理系　42
平均値　134
ベイズの定理　132
並列枝　62
閉路　66
べき集合　13
ベルヌーイの不等式　45
ベン図　3
法　83
包除原理　125
補グラフ　65
補集合　4
補助記号　48

## ま　行

マイニング　153
無限集合　2
矛盾　48
命題　49
命題記号　48
命題論理　48
メッセージ認証方式　135
モニック多項式　106

## や　行

ユークリッドの互除法　85
有限集合　2
有限体　105
有限な群　98
有限半順序集合　32
有向グラフ　32
要素　2
要素数　2
余事象　131

## ら　行

隣接　62
隣接節点　63
零因子　104
連結　66
連続体仮説　26
論理式　57
論理積標準形　53
論理和標準形　53

## わ　行

和集合　6

## 数字・欧字

1 対 1 の写像　22
2 項演算　96
2 項関係　18
2 項係数　120
2 重帰納法　41
2 重否定　52
2 分木　78
atom　48
Chernoff 限界　158
$k$-順列　118
P2P ネットワーク　152
RSA 暗号　112
RSA 仮定　113

**著者略歴**

**黒《くろ》澤《さわ》　馨《かおる》**

1977 年　東京工業大学工学部電子工学科卒業

1982 年　東京工業大学大学院理工学研究科電気工学専攻博士課程修了，東京工業大学工学部助手，大学院総合理工学研究科講師，工学部助教授・教授，茨城大学工学部教授を経て

現　在　茨城大学名誉教授，工学博士

専門：公開鍵暗号，メッセージ認証，情報理論的暗号理論

**主要著書**

現代暗号への招待（サイエンス社）

現代暗号の基礎数理（共著，電子情報通信学会）

情報セキュリティ（宮地・菊池編著，オーム社）

情報セキュリティ（辻井・笠原編著，昭晃堂）

暗号と認証（情報理論とその応用学会，培風館）

暗号，ゼロ知識証明，数論（岡本・太田共編，共立出版）

工学のための数学＝EKM-12

工学のための 離散数学 ［第 2 版］

2008 年 1 月10日©　初 版 発 行

2022 年10月10日　初版第 9 刷発行

2024 年 5 月25日©　第 2 版 発 行

著 者　黒 澤　馨

発行者　矢 沢 和 俊

印刷者　篠倉奈緒美

製本者　小 西 恵 介

【発行】　株式会社　数理工学社

〒151–0051　東京都渋谷区千駄ヶ谷 1 丁目 3 番 25 号

編 集 ☎(03)5474–8661(代)　サイエンスビル

【発売】　株式会社　サイエンス社

〒151–0051　東京都渋谷区千駄ヶ谷 1 丁目 3 番 25 号

営 業 ☎(03)5474–8500(代)　振替 00170–7–2387

FAX ☎(03)5474–8900

印刷　（株）ディグ　　製本　（株）ブックアート

《検印省略》



ISBN978-4-86481-109-5

PRINTED IN JAPAN

サイエンス社・数理工学社のホームページのご案内

https://www.saiensu.co.jp

ご意見・ご要望は

suuri@saiensu.co.jp　まで．